Vue+uni-app Task
Practice

移动跨平台开发

任务式教程

Vue+uni-app | 微课版

高立军 刘培林 赵伟 ◉ 主编

龙浩 ◉ 主审

人 民 邮 电 出 版 社

北 京

图书在版编目（CIP）数据

移动跨平台开发任务式教程 ： Vue+uni-app ： 微课版 / 高立军，刘培林，赵伟主编. -- 北京 ： 人民邮电出版社，2025. -- (名校名师精品系列教材). -- ISBN 978-7-115-65424-3

Ⅰ. TN929.53

中国国家版本馆 CIP 数据核字第 2024YK7545 号

内 容 提 要

本书主要介绍 Vue 和 uni-app 相关的知识点，共 9 个模块，模块 1 介绍前端开发基础和 JavaScript 程序；模块 2 介绍 ES6 新特性，包括 let 命令与 const 命令、函数、导出与导入模块和解构赋值；模块 3、模块 4 介绍 Vue 实例和 Vue 指令，包括数据选项、方法选项、计算选项、v-text 指令、v-model 指令等；模块 5 介绍 Vue 组件，组件是 Vue 的核心，也是 uni-app 项目开发的核心，包括父组件向子组件传递数据、子组件向父组件传递数据等；模块 6 介绍 uni-app 编程，包括开发 uni-app 项目、uni-app 编程规范、uni API 等；模块 7 介绍 uni-app 组件，包括 view、swiper、uni-grid 等组件；模块 8 介绍 uview-plus 组件，包括 u-toast、u-form、u-tabs 等组件；模块 9 介绍 uCharts 组件，使用 uCharts 组件可以绘制各种图表。

本书可作为高职高专院校 Vue、uni-app 前端开发技术或跨平台开发课程的教材，也可作为前端开发技术人员的技术参考资料、培训用书或自学参考书。

◆ 主　　编　高立军　刘培林　赵　伟
责任编辑　刘　佳
责任印制　王　郁　焦志炜

◆ 人民邮电出版社出版发行　　北京市丰台区成寿寺路 11 号
邮编　100164　　电子邮件　315@ptpress.com.cn
网址　https://www.ptpress.com.cn
三河市君旺印务有限公司印刷

◆ 开本：787×1092　1/16
印张：14.5　　2025 年 3 月第 1 版
字数：367 千字　　2025 年 3 月河北第 1 次印刷

定价：59.80 元

读者服务热线：(010)81055256　印装质量热线：(010)81055316
反盗版热线：(010)81055315

前 言

本书全面贯彻党的二十大精神，以社会主义核心价值观为引领，传承中华优秀传统文化，内容体现时代性和创造性，注重立德树人，以正能量案例引导学生形成正确的世界观、人生观和价值观。在应用举例和任务设计中介绍了四大名著、大国工匠、中国高铁、中国桥梁等相关知识。

本书选取移动应用开发技能大赛中有关 Vue 和 uni-app 的技术点，以 Vue3 作为开发版本，围绕前端典型应用场景（电子商务系统）进行设计，在 Vue 部分实现了用户管理、图像浏览、电子商务购物车和商品搜索等电子商务系统设计的典型功能；在 uni-app 组件和 uview-plus 组件、uCharts 组件部分实现了某图书销售电子商务系统的图书分类导航、轮播、宫格显示等页面，并对用户注册信息进行了数据验证，对销售数据用柱状图、折线图、饼图等多种图表进行了展示，以获取天气服务信息为例演示了网络请求的用法。本书内容全面，应用场景具有典型性。

本书内容采用模块任务模式，每个模块开头列出学习目标，教学目标明确，便于教师教学和学生学习。每个任务聚焦于一个前端开发典型功能点，覆盖一个大的理论知识点，包括若干个小的知识点，知识点讲解有应用举例，任务实现有详细步骤。针对复杂且具有一定难度的知识点，本书还精心梳理了知识点的逻辑关系。应用举例由简单场景开始，逐步深化，最后到较为复杂的真实应用场景，降低了学习的难度。每个模块配有课后习题与课后实训，便于教师检验教学效果和学生举一反三夯实技能点。

本书配套资源丰富，提供在线开放课程，方便学生在线预习和完成作业，以及教师在线组织教学与课程考试。所有操作部分均有演示视频，学生可以通过观看视频反复训练技能。

本书的学时安排详见表 1。不同学时的教学计划及课件、源代码等相关资源可以从人邮教育社区（www.ryjiaoyu.com）下载。

表 1　学时安排建议

模块	32 学时教学计划	48 学时教学计划	64 学时教学计划
模块 1　跨平台开发概述	4	4	4
模块 2　ES6 新特性	6	6	6
模块 3　Vue 实例	8	8	8
模块 4　Vue 指令	8	8	8
模块 5　Vue 组件	6	6	6

续表

模块	32 学时教学计划	48 学时教学计划	64 学时教学计划
模块 6　uni-app 编程	0	8	8
模块 7　uni-app 组件	0	8	8
模块 8　uview-plus 组件	0	0	8
模块 9　uCharts 组件	0	0	8
合计	32	48	64

本书编写强调前后逻辑，同时兼顾模块化，读者可以进行模块组合学习，建议如下。

（1）已经具备 JavaScript 程序设计的基础且深入学习过 ES6 的读者可以跳过任务 1.2 和模块 2，建议学习 56 学时。

（2）已经学习过 Vue 且单纯想深入学习 uni-app 项目开发的读者可以跳过模块 3 和模块 4，建议学习 48 学时。

（3）模块 8 和模块 9 是 uni-app 项目开发的拓展部分，如果课程总学时较少，可以将这两个模块放在实训课程中学习。

本书由北京信息职业技术学院高立军、无锡职业技术学院刘培林、大连东软信息学院赵伟主编，中国电子科技集团公司第二十九研究所谭畅、东软教育科技集团有限公司徐昕光、无锡职业技术学院吴朝晖参编。全书由高立军统稿，由徐州工业职业技术学院龙浩主审。

在本书的编写过程中，编者得到了所在单位领导和同事的帮助与大力支持，参考了一些优秀的前端设计相关书籍和网络资源，在此表示由衷的感谢。由于编者水平所限，书中难免存在不足之处，欢迎广大读者批评指正。

编　者

2024 年 9 月

目 录

模块 1 跨平台开发概述

uni-app 是使用 Vue.js（后文简称 Vue）开发前端应用的框架，具有跨平台和在跨平台的过程中不牺牲平台性能的特色。本模块介绍前端开发的相关知识，为读者全面了解 uni-app 项目奠定基础。

【学习目标】

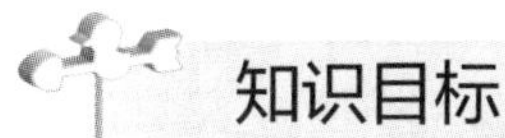

知识目标

- 了解 Web 的三大标准。
- 熟悉 HTML 项目工作窗口。
- 掌握 JavaScript 的基本语法与 JavaScript 常用浏览器对象的用法。

能力目标

- 具备描述 Web 标准的能力。
- 具备创建与调试 HTML 项目的能力。
- 具备使用 JavaScript 常用浏览器对象的能力。

素质目标

- 具有使用 HBuilderX 编辑器编写前端应用程序的素质。

任务 1.1 前端开发基础

本任务介绍前端开发的基础知识，通过对本任务的学习，读者能够了解结构、表现、行为标准的含义，熟悉 HTML 文件的结构，会使用 HBuilderX 编辑器创建 HTML 项目与文件。

1.1.1 Web 标准

万维网（World Wide Web, Web）标准即网站标准。网站是网页的集合，一个网页一般包含结构（Structure）、表现（Presentation）和行为（Behavior）三个部分。结构是网页展示的内容，表现是网页内容的呈现样式，行为是网页提供的功能，三者共同组成具有一定功能、以一定样式呈现的网页内容。对应这三个部分，有三类标准——结构标准、表现标准、行为标准，它们共同组成 Web 标准。

1. 结构标准

结构标准对应结构化标准语言，主要分为可扩展标记语言（Extensible Markup Language，XML）和可扩展超文本标记语言（Extensible Hypertext Markup Language，XHTML）。XML 源于标准通用标记语言，是为了弥补超文本标记语言（Hypertext Markup Language，HTML）的不足而设计的，以期用强大的扩展性来满足网络信息发布的需求；XHTML 就是用 XML 规则对 HTML 进行扩展而得来的，实现了 HTML 向 XML 的过渡。但是，针对数量庞大的已有网站，直接采用 XML 还为时过早，目前 XML 主要用于网络数据的转换和描述。常用的结构化标准语言有 HTML 和 HTML5。

2. 表现标准

表现标准对应层叠样式表（Cascading Style Sheets，CSS）。CSS 是一种用来定义 HTML 或 XML 文件样式的计算机语言，用于对网页标签进行格式化，能够对网页中标签位置的排版进行像素级精确控制，支持几乎所有的字体、字号样式，目前版本为 CSS3。

3. 行为标准

行为标准主要指文档对象模型（Document Object Model，DOM）。DOM 是万维网联盟（World Wide Web Consortium, W3C）组织推荐的处理 XML 的标准编程接口，是一种与平台和语言无关的应用程序接口（Application Program Interface, API）。使用 DOM 能够动态地访问程序和脚本，更新其内容、结构和文档的风格，DOM 是一种基于树的 API。JavaScript 实现了 DOM，Vue 优化了 DOM。

4. Web 标准的作用

Web 标准将网站建设从结构、表现和行为方面进行了分层，为网站重构、升级与维护带来了极大的方便。结构化的开发模式使代码重用和网站维护更为容易，降低了网站开发和维护的成本。开发完毕的网站对用户和搜索引擎更加友好，文件下载与页面显示速度更快，内容能被更多的设备访问，数据符合标准，更容易被访问。

1.1.2 HTML 文件

HTML 文件将 Web 标准有机整合在一起，是网站的基本组成单元。一个 HTML 文件就是一个网页，网站是网页的集合。

1. HTML 文件的结构

HTML 文件遵循标记语言文件的基本规范，是一种树形结构文件，由文件类型说明和<html>标签对组成。规范的 HTML 文件的结构如图 1-1 所示。

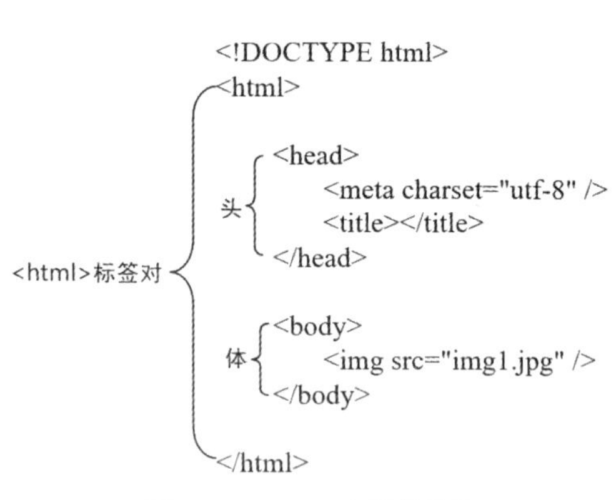

图 1-1　HTML 文件的结构

其中，<!DOCTYPE html>是文件类型说明，表明文件的类型是 HTML。

网页描述位于<html>标签对中，由网页头和网页体两部分组成，网页头位于<head>标签对中，用于说明网页的基本信息，如标题、字符格式、语言、兼容性、关键字、描述等，外部样式表的引用和内部样式表的定义一般也放在网页头中；网页体位于<body>标签对中，用于描述网页的可见内容和定义网页的行为，结构标准和行为标准放在网页体中。

HTML 文件对结构要求并不严谨，就显示结果而言，网页内容放在<body>标签对之外（甚至<html>标签对之外）往往也能正确显示。但会带来网页编程时 DOM 节点查找的问题，因此要求养成良好的编程习惯，严格遵循 HTML 文件结构规范。

2. HTML 标签

HTML 是 Web 的核心语言，是一种用于描述网页的标记语言，非编程语言，使用标签描述网页。目前版本是 HTML5，草案于 2008 年公布，正式规范于 2014 年由 W3C 宣布。W3C 发言稿指出，HTML5 是开放 Web 网络平台的奠基石。

（1）标签

标签是 HTML 中的基本单位，是由尖括号（<>）括起来的具有特殊含义的关键词，如<html>表示 HTML 文件。

标签通常成对出现，分为开始标签和结束标签。由尖括号括起来的关键词是开始标签，如<html>，开始标签和斜线“/”组成结束标签，如开始标签<html>对应的结束标签是</html>。

（2）标签对

标签对由开始标签、标签内容和结束标签组成。标签内容可以是文本或标签对，如果是标签对，属于标签嵌套，嵌套层数不受限制，但是不能发生交错。图 1-2（a）展示了内容为文本的标签对，图 1-2（b）展示了内容为标签对的标签嵌套。

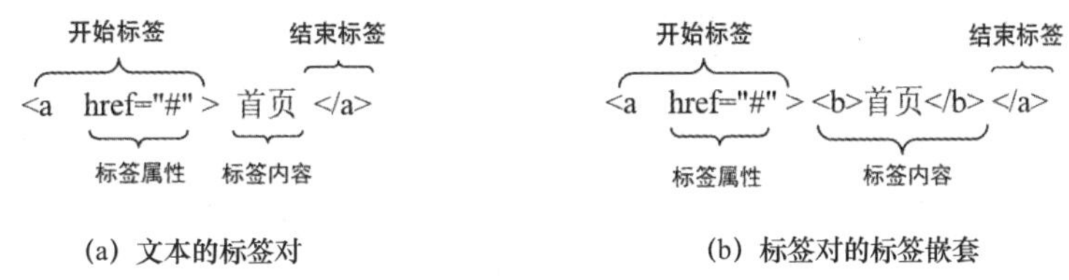

图 1-2 标签对

（3）单标签

部分标签没有结束标签，称为单标签。规范的单标签必须用“/”结束，但 HTML 并不严格检查单标签是否有“/”，缺少后也不会影响网页效果。常用单标签有<img>、<meta>和<link>等。以下代码定义了<img>单标签。

```
<img src="img1.jpg" />
```

（4）HTML 标签及其作用

标签对和单标签统称为标签。HTML 标签是一种语义化标签，根据标签的名字就能判断出标签的内容和作用，有助于识别网页内容。HTML 标签具有以下作用。

① 规范标签嵌套，使网页的层次结构更清晰。

② 能够使网页内容更容易被搜索引擎收录。

③ 能够使屏幕阅读器更容易读出网页内容。

标签名不区分大小写，如<body>和<BODY>都表示网页体，在 HTML 中一般推荐使用小写形式。

（5）标签属性

标签属性（如果有属性）放在开始标签里，规定了 HTML 标签的更多信息，总是以“属性名/属性值”的形式出现，如属性 src="img1.jpg"规定了<img>标签的图像路径。

属性必须在开始标签中规定，多个属性之间用空格进行分隔。属性值应该始终被包括在引号内，建议使用双引号，也可以使用单引号。在某些特殊的情况下，如属性值本身含有双引号的情况下，必须使用单引号。例如：

```
<!-- 只能使用单引号 -->
<meta name='Bill "HelloWorld" Gates'/>
```

与 HTML 标签名一样，属性名也不区分大小写，但是 W3C 在 HTML4 推荐标准中推荐使用小写的属性名。

1.1.3 HBuilderX 编辑器

1. HBuilderX 编辑器概述

HTML 文件运行在浏览器中，常用文本编辑器都可以用于开发 HTML 项目，但是，使用专用编辑器开发效率更高。目前主流的编辑器包括 HBuilder、VSCode 和 Dreamweaver 等，本书使用 HBuilder 的下一代版本 HBuilderX。相较于 HBuilder，HBuilderX 是通用的前端开发工具，功能更强大，使用更方便，具有以下优点。

① HBuilderX 编辑器是一个绿色压缩包，占用空间很小，较 HBuilder 编辑器的启动和编辑速度更快。

② 支持 Markdown 编辑器和小程序开发，优化了 Vue 开发，开发体验更好。

③ 具有强大的语法提示功能，拥有自主集成开发环境（Integrated Development Environment, IDE）语法分析引擎，对前端语言提供了准确的代码提示和转到定义（Alt+鼠标左键）等操作。

④ 开发界面清爽、护眼，绿柔主题界面具有适合人眼长期观看的特点。

2. 安装 HBuilderX 编辑器

HBuilderX 编辑器不需要安装，下载 HBuilderX 压缩包以后直接解压缩，在解压缩后的目录中找到可执行文件 HBuilderX.exe 并双击，即可打开并使用 HBuilderX 编辑器。HBuilderX 编辑器第一次使用后关闭时会提示是否创建桌面快捷方式，建议创建，以方便下一次使用。

微课 1-1 创建与运行 HTML 项目

3. 创建与运行 HTML 项目

（1）创建 HTML 项目

打开 HBuilderX 编辑器，在文件（File）菜单中选择“新建”→“项目”

菜单项后单击，打开新建项目对话框，选择项目的模板“基本 HTML 项目”，单击“浏览”按钮以选择项目的存放路径，输入项目名称，例如“uni-hello”，如图 1-3 所示，单击“创建”按钮完成项目创建。

图 1-3　创建基本 HTML 项目

（2）编辑与运行 HTML 项目

项目创建完毕自动生成 HTML 项目结构和项目首页（index.html），并打开 HTML 项目工作窗口，如图 1-4 所示。左侧为项目结构窗格，显示项目的目录结构。中间为编辑窗格，选中的文件可以在该窗格中进行编辑。右侧为内置浏览器窗格，文件保存后单击工具栏最右侧的“预览”按钮即可在该窗格中预览运行效果。第一次单击“预览”按钮时会提示安装内置浏览器插件，选择自动安装，安装完毕后将自动打开 Web 浏览器窗格，浏览器默认为“PC 模式”，也可以选择移动设备，单击“PC 模式”右侧的下拉按钮，打开移动设备选择列表，选定手机型号或 iPad 完成移动设备模式设置。

也可以将保存好的文件运行到真实浏览器中，选择“运行”→“运行到浏览器”→“Edge”菜单项后单击，如图 1-4 所示，即可将项目运行到 Edge 浏览器中。当然也可以运行到 Chrome、Firefox 等浏览器中，选择对应的浏览器即可。

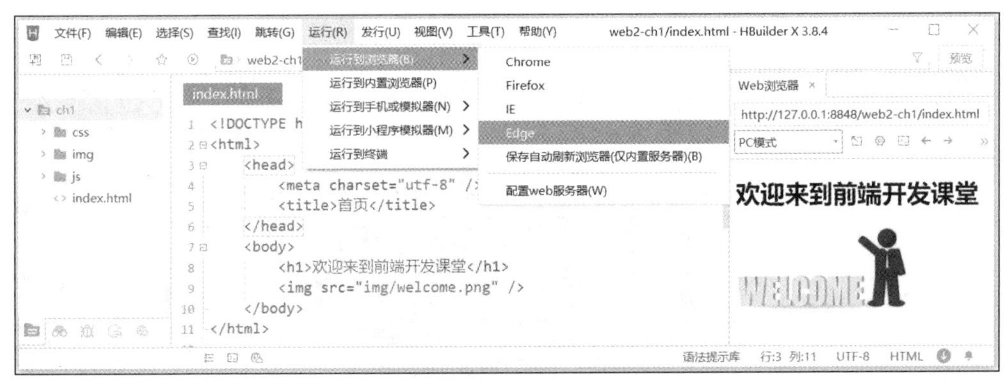

图 1-4　HTML 项目工作窗口

HTML 项目自动创建了 3 个目录和 1 个 HTML 文件，目录用于存放对应类型的文件，其中，css 目录用于存放项目使用的样式文件，img 目录用于存放项目使用的图像，js 目录用于存放项目使用的脚本文件。index.html 是静态网页文件，选中后在中间编辑窗格中显示其内容，并可以对其进行编辑，编辑以后必须手动保存才能在右侧的 Web 浏览器中预览编辑的效果。

（3）创建其他文件

用 HBuilderX 编辑器创建文件非常方便，在文件菜单上单击“新建”并选择文件类型和保存位置即可创建。也可以在项目指定位置右键单击并选择文件类型创建，该方法更为简便。

任务 1.2　JavaScript 程序

本任务本着够用的原则，针对 uni-app 项目开发简单介绍 JavaScript 编程知识，包括基本语法与常用浏览器对象。读者应掌握 JavaScript 的基本语法，熟悉常用浏览器对象模型（Browser Object Model，BOM）警告框和定时事件的用法。

1.2.1　编写 JavaScript 程序

1. JavaScript 的构成

1995 年 2 月，Netscape 公司发布了 Netscape Navigator 2.0 浏览器，并在这个浏览器中免费提供了一个 LiveScript 开发工具，该工具后改名为 JavaScript，成为最初的 JavaScript 1.0 版本。完整的 JavaScript 包括以下 3 个部分。

① ECMAScript 核心：是 JavaScript 的语言核心部分，定义语言的基本语法和程序流程、对象、函数等。

② DOM：提供网页文件操作标准接口，是 HTML 的 API。整个 HTML 文件通过 DOM 被映射为一个树形节点结构，方便 JavaScript 脚本快速地访问和操作。

③ BOM：是客户端和浏览器窗口操作的标准接口，是 IE 3.0 和 Netscape Navigator 3.0 提供的新特性。BOM 能够对浏览器窗口进行访问和操作，如移动窗口、获取访问历史、动态导航等。与 DOM 不同，BOM 不是标准规范，只是 JavaScript 的一个组成部分，但是所有浏览器都默认支持 BOM。

2. 引入 JavaScript 代码

JavaScript 代码不能独立运行，只能在宿主环境中执行。一般可以把 JavaScript 代码放在 HTML 文件中，借助浏览器环境来运行。JavaScript 代码有 3 种引入方式。

（1）页面内嵌方式

将 JavaScript 代码直接嵌入<script>标签对中实现程序功能。标签对也称为元素，本书后面统一将标签对称为元素。

【例 1-1】　编写 JavaScript 程序，输出一行欢迎信息，程序运行效果如图 1-5 所示。

图 1-5　JavaScript 程序

新建 uni-hello HTML 项目，在项目中新建 ex1.html 文件，编写代码如下。

```
<!DOCTYPE html>
<html>
    <head>
        <meta charset="utf-8" />
        <title>例 1-1</title>
    </head>
    <body>
        <script>
            alert("JavaScript 欢迎您!");
        </script>
    </body>
</html>
```

（2）外部引入方式

如果程序功能较为复杂，可以将 JavaScript 代码放在单独的文件中，文件扩展名使用“.js”，使用 script 元素引入该 JavaScript 文件，以使用 JavaScript 文件中的代码。

【例 1-2】 修改例 1-1，将欢迎信息编写到单独的 JavaScript 文件中，然后将 JavaScript 文件引入 HTML 文件，实现同样的程序功能。

① 在 uni-hello 项目的 js 目录下新建 hello.js 文件，编写如下代码。

```
alert("JavaScript 欢迎您!");
```

② 在 uni-hello 项目中新建 ex2.html 文件，编写如下代码。

```
<script src="js/hello.js"></script>
```

浏览器在解析 HTML 文件时会根据文档流从上到下逐行解析和显示，script 元素可以放在 HTML 文件的任意位置，JavaScript 代码的执行顺序根据 script 元素的位置确定。

（3）行内伪 URL 方式引入

可以通过行内伪 URL（Uniform Resource Locator，统一资源定位符）调用 JavaScript 语句的方式引入 JavaScript 代码，这种方式非常简单，但是因为是行内的，一般仅在单行语句的情况下使用。

【例 1-3】 修改例 1-1，将欢迎信息内嵌到 body 元素中，实现同样的程序功能。

在 uni-hello 项目中新建 ex3.html 文件，修改 body 元素的代码，具体如下。

```
<body onload="javascript:alert('JavaScript 欢迎您!')">
```

1.2.2 JavaScript 基本语法

JavaScript 语法借鉴了 Java、C 和 Perl 等优秀语言的语法，与这些语言的语法有一定的相似性，也有一些特性。下面介绍 JavaScript 语法的基本规范。

1. 严格区分大小写

与 HTML 不同，JavaScript 严格区分大小写，变量名、函数名、运算符等大小写的含义是不同的，如 str 与 Str 表示两个不同的变量。

HTML 推荐使用小写形式，JavaScript 需要嵌入 HTML 页面中运行，所以使用时也习惯采用小写形式的编码风格，仅在以下特殊情况下使用大写形式。

① 构造函数不同于普通函数，首字母一般大写。JavaScript 中预定义的构造函数首字母大写，如时间函数 Date()。以下代码用于创建一个时间函数对象，并将其转换为字符串显示出来。

```
d = new Date();   //获取系统当前日期和时间
//输出：Mon Feb 13 2023 10:21:38 GMT+0800 （中国标准时间）
document.write(d.toString());
```

② 多个单词组成的标识符使用驼峰命名法。即首个单词除外，后面单词首字母大写。例如通过 id 属性获取元素的函数。

```
getElementById()
```

2. 变量是弱类型的

与 Java、C 等语言不同，JavaScript 的变量无特定的类型，统一由 var 命令定义，在初始化时确定变量的类型，所以变量所存数据的类型可以随时改变，但是应尽量避免这样做。以下代码定义了 3 个不同数据类型的变量。

```
var visible = false;     //布尔型
var i = 1;               //数值型
var color = "blue";      //字符串型
```

3. 注释

与 Java、C 等语言的注释语法相同，JavaScript 有两种注释方式。

① 单行注释：以双斜线（//）开头，任何位于双斜线与行末之间的文本都会被忽略，不执行。

② 多行注释：以“/*”开头，以“*/”结尾，任何位于“/*”和“*/”之间的文本都会被忽略，不执行。

4. 行尾分号不强制

与 Java、C 不同，JavaScript 对每行代码结束处的分号（;）不作强制要求。如果没有分号，在没有破坏代码语义的情况下，JavaScript 把折行代码的结尾看作语句的结尾。但是，建议在代码结尾加上分号，以增加程序的易读性。以下两行代码都是正确的。

```
var color = "blue";      //有结束分号
var color = "blue"       //无结束分号
```

5. 推荐使用代码块书写

与 Java 一样，JavaScript 也推荐使用代码块书写格式，将一系列应该按顺序执行的语句封装在花括号（{}）里生成一个代码块，按块执行代码。例如，将以下变量初始化代码放在一个代码块里。

```
{
   var i = 1;
   var color = "blue";
}
```

1.2.3　常用浏览器对象

BOM 能够实现 JavaScript 与浏览器的对话，在 JavaScript 编程中具有重要的作用。本节简单介绍 BOM 中常用的警告框与定时事件的概念、用法与应用场景。

1. 警告框

弹出框能够传递信息给用户，它有 3 种类型，包括需要用户确认的简单警告框、跟踪用户操作的确认框和提示框。

警告框是模式对话框，需要用户确认收到信息才能进行下一步的操作或信息显示，即警告框弹出时，用户需要单击相关按钮才能继续后面的程序。警告框语法格式如下。

```
window.alert(message);
```

上述代码用于显示带有一条指定消息和一个确定按钮的警告框。参数 message 定义弹出的消息（可以包含转义字符），如在字符串中加入可以让字符串换行的换行符（\n，反斜线后面加一个字符 n）。

【例 1-4】　编写代码输出一段文字信息，使程序运行效果如图 1-6 所示，具有标题和内容的区分。

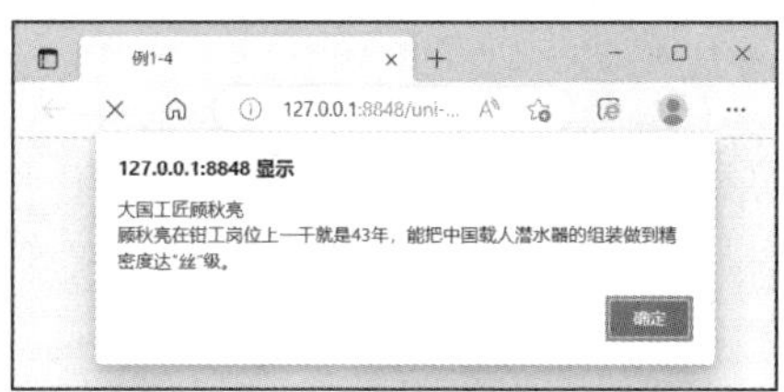

图 1-6　警告框程序

在 uni-hello 项目中新建 ex4.html 文件，编写其中的 JavaScript 代码，具体如下。

```
<script>
    // "大国工匠顾秋亮"是标题，和内容之间应有换行符
    alert('大国工匠顾秋亮\n 顾秋亮在钳工岗位上一干就是 43 年……');
</script>
```

说明：鉴于篇幅和排版，全书代码中字符串数据的内容和文字内容有省略，用省略号作了标识，完整内容请读者参考图示和教材源代码资源。

2. 定时事件

使用定时事件（Timing Events）可以在指定的时间间隔内执行 JavaScript 代码。定时事件在轮播广告等以指定的时间间隔反复执行操作的情况下应用广泛。定时事件的主要函数如表 1-1 所示。

表 1-1　定时事件的主要函数

函数	说明
setTimeout()	window.setTimeout(function, milliseconds)，在等待指定的时间后执行函数，函数参数及取值说明如下。 function：待执行的函数。 milliseconds：执行函数之前等待的时间，以 ms 为单位

续表

函数	说明
clearTimeout()	window.clearTimeout(timeoutVariable)，停止执行 setTimeout()中定义的函数。参数 timeoutVariable 是由 setTimeout()函数定义的函数变量
setInterval()	window.setInterval(function, milliseconds)，在每个给定的时间间隔中重复执行给定的函数，函数参数及取值含义同 setTimeout()函数
clearInterval()	window.clearInterval(timerVariable)，停止 setInterval()函数中指定函数的执行。参数 timerVariable 是由 setInterval()函数定义的函数变量

【例1-5】 编写一个简单程序演示定时事件的用法，程序运行效果如图 1-7（a）所示。单击"1 秒后提示 Hello"按钮，经过 1 秒后弹出图 1-7（b）所示的对话框；单击"启动时钟"按钮，开始以 1 秒的时间间隔获取系统时间并显示；单击"停止时钟"按钮，停止获取系统时间。

微课 1-2　定时事件

(a) 程序运行效果

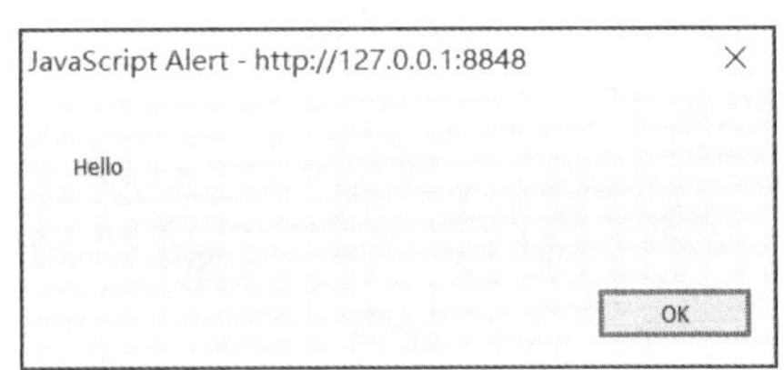

(b) 1 秒后提示 Hello

图 1-7　定时事件

在 uni-hello 项目中，新建 ex5.html 文件，编写如下代码。

```
<html>
    <head>
        <meta charset="UTF-8">
        <title>定时事件</title>
        <script type="text/javascript">
            function myFunction() {
                alert('Hello');
            }
            // 定时函数
            function myTimer() {
                var d = new Date();
                document.getElementById("demo").innerHTML = "当前时间：  " +
                    d.toLocaleTimeString();
            }
        </script>
    </head>
    <body>
    <p id="demo">时间显示</P>
```

```
        <!-- 设置仅启动一次的定时事件 -->
        <button onclick="setTimeout(myFunction, 1000);">
            1 秒后提示 Hello</button>
        <!-- 设置定时事件 -->
        <button onclick="myVar = setInterval(myTimer, 1000)">
            启动时钟</button>
        <!-- 清除定时事件 -->
        <button onclick="clearTimeout(myVar)">
            停止时钟</button>
    </body>
</html>
```

模块小结

本模块介绍了前端开发的基本概念，包括 Web 标准、HTML 文件，以及 HBuilderX 编辑器等，重点介绍了 JavaScript 程序的基本语法和常用浏览器对象。通过对本模块的学习，读者应能够使用 HBuilderX 编辑器开发 HTML 项目，引入 JavaScript 代码，实现基本的用户交互。

课后习题

1. 简述 HTML 文件的结构。
2. 简述 Web 标准的概念。
3. 列举常用的网页编辑器。
4. 举例说明引入 JavaScript 代码的方式。
5. 简述 JavaScript 的构成。
6. HTML 的精确含义是什么？（　　）
   A. 超文本标记语言
   B. 家庭工具标记语言
   C. 超链接和文本标记语言
   D. 网页设计文本语言
7. 以下哪个是 Web 标准的制定者？（　　）
   A. 微软公司（Microsoft）　　B. 万维网联盟（W3C）
   C. 网景公司（Netscape）　　D. 谷歌公司（Google）
8. 以下哪个不是开发 HTML 项目的主流编辑器？（　　）
   A. HBuilderX　　B. VSCode　　C. Dreamweaver　　D. NotePad
9. 以下哪个标签书写有错误？（　　）
   A. <p/>　　B.
　　C. <hr/>　　D. <img/>

课后实训

1. 安装 HBuilderX 编辑器，并创建一个 HTML 项目，在 HTML 页面中输出有关商品促销的一段介绍文字。

2. 编写一个 JavaScript 定时事件程序，间隔 1 秒在 HTML 页面上输出一行文字信息。提示：输出内容到 HTML 页面的 JavaScript 方法为 document.writeln(str)。

模块 2　ES6 新特性

ES6 是 JavaScript 的新标准版本，全称是 ECMAScript 6.0，它对 ES5 的功能进行了扩展，本模块基于够用的原则，服务 uni-app 项目开发需求，简单介绍 ES6 的一些扩展内容。

【学习目标】

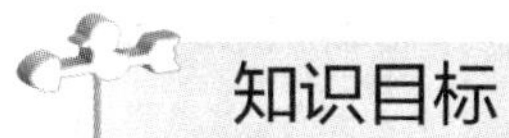

知识目标

- 掌握使用 let 命令声明变量与使用 const 命令声明常量的方法。
- 掌握函数参数声明与箭头函数的用法。
- 掌握导出与导入模块的语法与用法。
- 掌握解构赋值的语法与用法。

能力目标

- 具备编写 ES6 函数的能力。
- 具备导入与导出模块的能力。

素质目标

- 具有使用 ES6 实现 uni-app 应用程序功能逻辑的素质。
- 具有良好的软件编码规范素养。

任务 2.1　学习 let 命令与 const 命令

let 命令与 const 命令语法严谨，具有语法检查等一些在复杂应用开发中的优势，适合 uni-app 项目开发，读者应掌握使用 let 命令声明变量与 const 命令声明常量的方法。

2.1.1　let 命令

1. 变量的作用域

let 命令是 ES6 的新增命令，用来声明变量，用法类似于 var 命令的用法，但是与 var 命令的全局声明不同，它的声明是一种块声明，变量只在 let 命令所在的代码块内有效。

【例 2-1】 运行以下程序，体验 let 命令与 var 命令的作用域区别。

```
<script>
    {
        var a = 10;
        let b = 6;
        console.log(a);
        console.log(b);
    }
    console.log(a);
    console.log(b);
</script>
```

程序运行后在控制台输出以下结果。

```
10
6
10
Uncaught ReferenceError: b is not defined
```

由运行结果可见，在变量声明块内，用 var 命令声明的变量 a 和用 let 命令声明的变量 b 均正确输出了结果；在变量声明块外，用 var 命令声明的变量 a 正确输出了结果，用 let 命令声明的变量 b 提示没有声明的错误，说明用 let 命令声明的变量只在其声明的代码块内有效，具有块作用域。

微课 2-1 调试 JavaScript 程序

let 命令非常适合在 for 循环中使用，使用 let 命令可以将循环变量的作用域限制在循环体内。

【例 2-2】 用 for 循环初始化数组，使数组元素指向不同的函数，并在函数体内使用循环变量的值，在循环体外调用函数。

① 用 var 命令声明循环变量。

```
<script>
    var a = []; //定义数组
    for (var i = 0; i < 3; i++) {
        a[i] = function() { //为数组元素赋值函数定义
            console.log(i);
        };
    }
    a[0](); //调用第 1 个函数
    a[1](); //调用第 2 个函数
    a[2](); //调用第 3 个函数
</script>
```

程序运行后在控制台输出以下结果。

```
3
3
3
```

由程序运行结果可见，调用 3 个函数后都输出了 3，与预期的数组元素指向不同的函数调用不符合。

② 改用 let 命令声明循环变量。

```
<script>
    var a = []; //定义数组
    for (let i = 0; i < 3; i++) {
        a[i] = function() { //为数组元素赋值函数定义
            console.log(i);
        };
    }
    a[0](); //调用第 1 个函数
    a[1](); //调用第 2 个函数
    a[2](); //调用第 3 个函数
</script>
```

程序运行后在控制台输出以下结果。

```
0
1
2
```

由程序运行结果可见，3 个函数调用分别输出了 0、1、2 的值，符合预期。

在 for 循环中，使用 let 命令声明的变量的作用域是整个循环，是一个父作用域，在循环体内部使用 let 命令声明的变量的作用域是一个单独的子作用域，只在循环体内有效。

【例 2-3】 运行以下程序，体验在 for 循环中使用 let 命令声明的变量在父与子作用域中的区别。

```
<script>
    for (let i = 0; i < 3; i++) {
        console.log(i);
        {
            let i = 'abc';
            console.log(i);
        }
    }
</script>
```

程序运行后在控制台输出以下结果。

```
0
abc
1
abc
2
abc
```

由运行结果可见，第 1 个输出语句输出父作用域的 i，第 2 个输出语句输出子作用域的 i。

let命令的块级作用域必须有花括号，如果没有花括号，JavaScript 引擎就认为不存在块级作用域。

2. 变量提升

用 var 命令声明的变量具有“变量提升”现象，即变量可以在声明之前使用，值为 undefined。但是，用 let 命令声明的变量必须在声明之后才可以使用。否则会报没有声明的错误。

【例 2-4】 运行以下程序，体验使用 let 命令与 var 命令声明的变量的区别。

```
<script>
    console.log(a);
    console.log(b);
    var a = 10;
    let b = 6;
</script>
```

程序运行后在控制台输出以下结果。

```
undefined
Uncaught ReferenceError: b is not defined
```

由运行结果可见，用 var 命令声明的变量 a 具有“变量提升”现象，用 let 命令声明的变量 b 不具有“变量提升”现象，必须先声明后使用。

3. 重复声明

let 命令不允许在相同作用域内重复声明同一个变量。

【例 2-5】 运行以下程序，体验 let 命令不允许变量重复声明的规范要求。

```
<script>
    let a = 10;
    let a = 1;
</script>
```

程序运行后在控制台输出以下结果。

```
Uncaught SyntaxError: Identifier 'a' has already been declared
```

由运行结果可见，重复声明变量 a 以后程序产生了重复声明的错误。

4. 暂时性死区

只要块级作用域内存在 let 命令，其所声明的变量就“绑定（Binding）”了这个区域，不再受外部的影响。在代码块内，使用 let 命令声明变量之前，该变量都是不可用的，在语法上被称为“暂时性死区”。

【例 2-6】 修改例 2-3，去掉循环体内的花括号，重新运行程序，体验 let 命令的暂时性死区。

```
<script>
    for (let i = 0; i < 3; i++) {
        console.log(i);    //暂时性死区
        let i = 'abc';
```

```
            console.log(i);
        }
    </script>
```

程序运行后在控制台输出以下结果。

```
Uncaught ReferenceError: i is not defined
```

由运行结果可见，let 命令确实使变量 i 出现了暂时性死区，变量 i 在父作用域被定义过，但是在子作用域具有暂时性死区，所以被定义前不能被访问。

let 命令通过规定暂时性死区和不允许变量提升阻止了变量在声明前就使用导致的意料之外行为，也实现了与其他编程语言一致的变量必须被声明后才能使用的规范，所以编程规范中推荐使用 let 命令声明变量。

2.1.2 const 命令

1. 基本用法

const 命令用于声明一个只读的常量，一旦声明，常量的值就不能改变。这也意味着使用 const 命令声明常量时必须立即初始化，不能声明后再赋值。与 let 命令相同，用 const 命令声明的常量只在声明所在的块级作用域内有效。用 const 命令声明的常量具有不能提升、存在暂时性死区、只能在声明后使用、不可重复声明等特点。

【例 2-7】 运行以下程序，查看程序运行结果。

① 常量值不能改变。

```
const PI = 3.1415;
PI = 3;
```

输出错误如下。

```
Uncaught TypeError: Assignment to constant variable.
```

② 常量不能声明后再赋值。

```
const PI;
PI = 3;
```

输出错误如下。

```
Uncaught SyntaxError: Missing initializer in const declaration.
```

③ 常量具有块作用域。

```
{
    const PI = 3.1415
}
PI;
```

输出错误如下。

```
Uncaught ReferenceError: PI is not defined.
```

④ 常量不能提升。

```
console.log(PI);
const PI = 3.1415;
```

输出错误如下。

```
Uncaught ReferenceError: PI is not defined.
```

⑤ 常量不允许重复声明。

```
const PI = 3.1415;
const PI = 3.14;
```

输出错误如下。

```
Uncaught SyntaxError: Identifier 'PI' has already been declared.
```

⑥ 存在暂时性死区。

```
const PI = 3.1415;
{
    console.log(PI);
    const PI = 3.14;
}
```

输出错误如下。

```
Uncaught ReferenceError: Cannot access 'PI' before initializatio.
```

例 2-7 需要在支持 ES6 语法的真实浏览器中运行，在内置浏览器中运行时错误无法被捕获。

2. 对象常量

const 命令实际上保证的是常量名指向的内存地址所保存的数据不得改动，对于简单类型的数据，例如数值型数据、字符串型数据、布尔型数据等，值就保存在常量名指向的内存地址中，所以前面例子中常量名指向的值不能改变。对于复合类型的数据，例如对象、数组等，常量名指向的内存地址保存的是一个指向实际数据的指针，const 命令需要保证这个指针是固定的，即总是指向另一个固定的地址。至于另一个地址中存放的数据是否改动，const 命令并不关心，因此，对于对象和数组常量，可以添加和修改属性或元素，应谨慎使用常量声明。

【例 2-8】 运行以下程序，体验对象常量的不同。

```
<script>
    const object = {};
    object.prop = 123;
    console.log(object.prop);
    object = {};
</script>
```

程序运行后在控制台输出以下结果。

```
123
Uncaught TypeError: Assignment to constant variable.
```

由运行结果可见，对于对象常量，可以添加属性值，但是不能重新赋值。

【例 2-9】 运行以下程序，体验数组常量的不同。

```
<script>
    const arr = [];
    arr.push('Hello');
    arr.length = 2;
    console.log(arr);
    arr = [''];
```

```
        </script>
```

程序运行后在控制台输出以下结果。

```
{"0":"Hello","length":2}
Uncaught TypeError: Assignment to constant variable.
```

由运行结果可见，可以操作数组常量，但其与对象常量一样，同样不能重新赋值。

任务 2.2 使用函数

函数是代码重用和模块化设计的基础，在 uni-app 项目开发中具有非常重要的地位。读者应全面掌握函数及其参数的用法。箭头函数格式简洁，编程效率高，在 uni-app 项目开发中具有很高的使用频率，建议读者熟练掌握。

2.2.1 函数参数

1. 参数声明

函数参数是定义函数时默认声明的，在函数体中不能使用 let 或 const 命令再次声明，否则会报错。

【例 2-10】 运行以下程序，掌握函数参数的默认声明。

```
        <script>
            function f(x,y) {
                let x=3;
                console.log(x, y);
            }
        </script>
```

程序运行后输出错误如下。

```
Uncaught SyntaxError: Identifier 'x' has already been declared.
```

由运行结果可见，函数参数默认已经声明，不能重复声明。

2. 默认参数

ES6 允许为函数的参数设置默认值，默认值直接写在参数定义的后面。

【例 2-11】 运行以下程序，掌握函数参数默认值的用法。

```
        <script>
            function f(x, y = 'World') {
                console.log(x, y);
            }
            f('Hello');
            f('Hello', 'China');
        </script>
```

程序运行后在控制台输出以下结果。

```
Hello World
Hello China
```

由运行结果可见，函数参数可以有默认值，函数调用时参数如果没有传值则取默认值。

定义了默认值的参数必须是函数的尾参数。

使用参数默认值时，函数不能有同名参数。

【例 2-12】 修改例 2-11，给函数 f()增加一个同名参数，查看程序运行结果。

```
<script>
    function f(x, x, y = 'World') {
        console.log(x, y);
    }
    f('Hello', 'China');
    f('Hello', 'China', '!');
</script>
```

程序运行后输出以下错误。

```
Uncaught SyntaxError: Duplicate parameter name not allowed in this context.
```

由运行结果可见，程序报了参数重名的错误。

3. 默认参数的作用域

一旦设置了参数的默认值，函数进行声明初始化时，参数会形成一个单独的作用域，等到初始化结束，这个作用域才会消失，这一点需要特别引起注意。

【例 2-13】 运行以下程序，掌握函数默认参数的作用域。

```
<script>
    var x = 1;
    function f(x, y = x) {
        console.log(y);
    }
    f(2);
</script>
```

程序运行后在控制台输出以下结果。

```
2
```

由程序运行结果可见，参数 y 的默认值等于变量 x。调用函数 f()时，参数会形成一个单独的作用域，在这个作用域里面，变量 x 指向第一个参数 x，而不是全局变量 x，所以输出的是第一个参数的值 2，而不是全局变量的值 1。

【例 2-14】 运行以下程序，掌握函数默认参数的作用域。

```
<script>
    let x = 1;
    function f(y = x) {
        let x = 3;
        console.log(y);
    }
    x=4;
    f();
    x=2;
</script>
```

程序运行后在控制台输出以下结果。

```
4
```

由程序运行结果可见，调用函数 f()时，参数 y=x 形成了一个单独的作用域，在这个作用域里面，变量 x 本身没有声明，所以指向外层的全局变量 x。当调用函数时，函数体内部的局部变量 x 影响不到默认值变量 x，所以输出的是全局变量 x 的最新值 4。而且此时如果全局变量 x 不存在，程序会报错。

在不设置参数默认值时，这种特殊的作用域机制是不会出现的。

4. rest 参数

ES6 引入形式为“...变量名”的 rest 参数用于获取函数的多余参数，从而不需要使用 arguments 对象了。rest 参数将函数参数组成一个数组，数组名称为 rest 参数的变量名。

【例 2-15】 编写一个可以进行任意个数字求和的函数，并调用函数输出 2、5、3 这 3 个数字的和。

```
<script>
    function add(...values) {
        let sum = 0;
        for (let val of values) {
            sum += val;
        }
        return sum;
    }
    console.log(add(2, 5, 3));
</script>
```

rest 参数是一个真正的数组，数组特有的方法其都可以使用。

【例 2-16】 编写一个函数，该函数可以利用数组函数对输入的数据进行排序，并输出排序结果。

```
<script>
    function add(...values) {
        return values.sort();
    }
    console.log(add(2, 15, 3, 13));
</script>
```

程序运行后在控制台输出以下结果。

```
{"0":13,"1":15,"2":2,"3":3,"length":4}
```

由运行结果可见，该函数使用数组的默认排序函数对数据按照字母顺序进行了排序。

rest 参数之后不能再有其他参数，且 rest 参数只能是最后一个参数，否则程序会报错。

函数的 length 属性不会计入 rest 参数。

2.2.2 箭头函数

ES6 允许使用“箭头（=>）”定义函数，即箭头函数表达式。箭头函数表达式较普通函数表达式更为简洁，非常适合用于需要使用匿名函数的地方。箭头函数语法格式如下。

```
(param1, param2, …, paramN) => { statements }
```

其中，param1, param2, …, paramN 是函数的参数，{ statements }是函数体。

以下代码用标准函数格式定义一个编码函数。

```
<script>
    let sum = function(a){
        return a+3;
    }
    console.log(sum(2));
</script>
```

用箭头函数可以简写如下。

```
<script>
    let sum = (a) => {
        return a +3;
    }
    console.log(sum(2));
</script>
```

如果函数体只有一条语句，还可以省略函数体的花括号，上面代码可以进一步简写如下。

```
<script>
    let sum = (a) => a +3;
    console.log(sum(2));
</script>
```

如果函数只有一个参数，还可以省略函数参数的圆括号，上面代码可以进一步简写如下。

```
<script>
    let sum = a => a + 3;
    console.log(sum(2));
</script>
```

需要注意的是，没有参数的函数的圆括号不能省略，即没有参数的函数也要写成以下格式，不能省略圆括号。

```
() => { statements }
```

箭头函数没有 this、arguments、super 或 new.target 指针，不能用作构造函数。

任务 2.3 导出与导入模块

在 uni-app 项目开发过程中，使用模块比使用库效率更高，而且能够优化加载方式，这已成为 uni-app 项目开发的基础。本任务主要介绍导出与导入模块的方法，读者应熟练掌握。

2.3.1 命名导出与导入

JavaScript 使用 export 命令从模块中导出函数、对象或原始值，以便其他程序可以通过 import 命令导入它们并使用。

1．命名导出

JavaScript 使用 export 命令在模块文件的末尾用花括号把导出列表括起来，一次可以导出多个内容，不同内容之间用逗号进行分隔。

【例 2-17】 定义函数 add()、常量 foo 和对象 graph，并将它们一次性导出。

新建一个 HTML 项目，在项目的 js 目录下创建 my-module.js 文件，编写代码如下。

```
function add(x,y) {
    return x+y;
}
const foo = Math.PI + Math.SQRT2;
var graph = {
    options: {
        color: 'white',
        thickness: '2px'
    },
    draw: function() {
        console.log('From graph draw function');
    }
}
export {
    add,  //导出函数
    foo,   //导出常量
    graph  //导出对象
};
```

使用 as 关键字对导出的常量 foo 进行重命名，名字为 myfoo，代码如下。

```
export {
    foo as myfoo
};
```

2．导入命名导出

JavaScript 使用 import 命令导入内容，一次可以导入多个内容，导入列表用花括号括起来，不同内容之间用逗号进行分隔。使用关键字 from 指定导出模块文件的路径。此处的路径为相对路径，以“./”开头。

【例 2-18】 导入例 2-17 导出的成员并输出。

在例 2-17 的 HTML 项目的根目录下添加 HTML 文件，代码如下。

```
<body>
    <script type="module">
        import {
            add,
            foo,
            graph
        } from './js/my-moduel.js';
        console.log(foo);
        console.log(add(2, 3));
        console.log(graph);
    </script>
</body>
```

导入重命名的导出内容要用重命名后的名字，如果常量 foo 导出时被重命名为 myfoo，则导入代码如下。

```
import { myfoo } from './js/my-module.js';
```

使用 as 关键字也可以对导入的内容进行重命名，导入例 2-17 中导出的常量 foo，并将其重命名为 myfoo，代码如下。

```
import { foo as myfoo } from './js/my-module.js';
```

导入内容被重命名后，要用重命名后的名字访问，如果常量 foo 导入时被重命名为 myfoo，则访问代码如下。

```
console.log(myfoo);
```

script 元素必须添加值为 module 的 type 属性。

2.3.2 默认导出与导入

1．默认导出

导出内容时可以选择默认导出，使用 export default 命令即可。在一个文件或模块中，可以有多个 export 命令，但是只能有一个 export default 命令。以下代码用于默认导出 add() 函数。

```
export default add;
```

实现默认导出时不要加花括号。

也可以把 export default 命令放到函数前面，直接定义一个匿名函数并将其导出，以下代码直接导出一个匿名函数。

```
export default function (x,y) {
  return x +y;
}
```

2. 导入默认导出

可以使用任意名字导入通过 export default 命令导出的内容。导入默认导出的内容时不需要加花括号，但是一次只能导入一个内容。以下代码用于导入前面默认导出的 add()函数。

```
import add from './js/my-module.js';
```

也可以使用新的名字导入，以下代码在导入前面默认导出的 add()函数时将其重命名为 myadd，代码如下。

```
import myadd from './js/my-module.js';
```

2.3.3 使用模块对象

使用模块对象可以一次性导入所有可用的导出内容，导入后使用模块名加成员运算符(.)访问导出的内容。

【例 2-19】 将例 2-17 导出的内容封装为对象，并对其进行默认导出。使用模块对象一次性导入所有可用的导出内容，并访问。

① 新建一个 HTML 项目，在项目的 js 目录下创建 my-module.js 文件，代码如下。

```
export default
{
    add: function(x, y) {
        return x + y;
    },
    foo: Math.PI + Math.SQRT2,
    graph: {
        options: {
            color: 'white',
            thickness: '2px'
        },
        draw: function() {
            console.log('From graph draw function');
        }
    }
}
```

② 在项目的根目录下添加 HTML 文件，编写代码如下。

```
<body>
    <script type="module">
        import MyModule from 'my-module.js';
        console.log(MyModule.foo);
        console.log(MyModule.add(2, 3));
        console.log(MyModule.graph);
    </script>
</body>
```

任务 2.4 掌握解构赋值

解构赋值能够简化数组、对象、字符串和函数参数的使用方法，为应用开发带来极大的方便，本任务介绍解构赋值的用法，读者应熟练掌握。

2.4.1 基本用法

ES6 允许按照一定模式从数组和对象中提取值对变量进行赋值，称为解构赋值。

1. 数组的解构赋值

（1）基本用法

有以下声明及初始化 3 个变量的代码。

```
let a = 1;
let b = 2;
let c = 3;
```

使用数组解构赋值的代码可以书写为如下形式。

```
let [a, b, c] = [1, 2, 3];
```

以上代码表示从数组中提取值，并按照位置对应关系对变量进行赋值。本质上这种形式属于“模式匹配”，只要等号两边的模式相同，左边的变量就会被赋予对应的值。

解构赋值失败时变量的值等于 undefined。

（2）指定默认值

解构赋值允许指定默认值。执行以下代码后 x 的值为 1，y 的值为 2。

```
let [x, y =2] = [1];
```

在 ES6 内部使用严格相等运算符（===）判断一个位置是否有值。因此，只有当一个数组成员严格等于 undefined 时，默认值才会生效。

执行以下代码后 x 的值为 1。

```
let [x = 1] = [undefined];
```

执行以下代码后 x 的值为 null。

```
let [x = 1] = [null];
```

2. 对象的解构赋值

解构赋值还可以用于对象，但是，对象解构赋值与数组解构赋值有一个非常大的不同。数组的元素是按次序排列的，变量的取值由它的位置就可以确定，所以解构赋值时位置与数据的对应关系必须正确。对象的属性没有次序，所以解构赋值时变量必须与属性同名，才能取到正确的值，但是变量与属性的顺序不必一致。

实现 x='1'，y='2'的变量赋值代码可以书写为如下形式。

```
let { x, y } = { x: '1', y: '2' };
```

也可以书写为如下形式。

```
let { y, x } = { x: '1', y: '2' };
```

对象解构赋值与数组解构赋值一样，解构赋值失败时变量的值等于 undefined。

使用对象的解构赋值可以很方便地将现有对象的方法赋值到某个变量上。以下代码将 Math 对象的对数、正弦、余弦 3 个方法赋值到对应的变量上。

```
let { log, sin, cos } = Math;
```

完成赋值后就可以用 log(10)输出 10 的自然对数，其与 Math.log(10)输出的结果一样。

事实上，对象解构赋值的内部机制是先找到同名属性，然后将其赋值给对应的变量，可以看作变量名与属性名相同，省略了属性名，所以，当变量名与属性名不同时，属性名就不能省略。以下代码把属性 m 的值赋给变量 x，由于变量名与属性名不同，所以不能省略属性名。

```
let { m: x } = { m: '1', n: '2' };
```

赋值后变量 x 的值为 1。

在对象解构赋值中，属性是匹配的模式，在上面的代码中，m 是匹配的模式，x 是赋值的变量。

与数组解构赋值一样，对象解构赋值也可以指定默认值，遵循与数组解构赋值同样的规则。

3. 字符串的解构赋值

在 JavaScript 内部，字符串会被转换成一个类似数组的对象，所以字符串也可以使用解构赋值。

执行以下代码后变量 a、b、c、d、e 的值分别为 h、e、l、l、o。

```
const [a, b, c, d, e] = 'hello';
```

4. 函数参数的解构赋值

函数的参数也可以使用解构赋值，执行以下代码后结果为 3。

```
function add([x, y]){
  return x + y;
}
add([1, 2]);
```

如果改为对象参数，将以上代码修改为如下代码。

```
function add({x, y}) {
    return x + y;
}
add({x:1,y:2});
```

2.4.2 解构赋值的用途

1. 交换变量的值

以下代码能够交换变量 x 和 y 的值，程序执行后变量 x 的值为 2，变量 y 的值为 1。

```
let x = 1;
let y = 2;
[x, y] = [y, x];
```

2. 从函数返回多个值

函数规定只能返回一个值，如果要返回多个值，可以将它们放在数组或对象里返回，并使用解构赋值调用函数实现。

执行以下代码后变量 a、b、c 的值分别为 1、2、3。

```
function example() {
  return [1, 2, 3];
```

```
}
let [a, b, c] = example();
```

如果使用对象，变量的顺序还可以不一致，执行以下代码后变量 a、b、c 的值同样分别为 1、2、3。

```
function example() {
    return {
        a: 1,
        b: 2,
        c: 3
    };
}
let {b,c,a} = example();
```

模块小结

本模块介绍 ES6 的新特性，包括变量和常量的声明命令 let 与 const、函数定义、导入与导出模块、解构赋值等知识点，这些是开发 uni-app 项目时编写 JavaScript 程序的基础知识，读者需要熟练掌握，灵活应用。学完本模块后应能够使用 let 命令声明变量，会使用箭头函数和解构赋值优化程序，以及使用导入与导出命令模块化应用的设计。

课后习题

1. 简述 let 命令的特点。
2. 举例说明 rest 参数的用法。
3. 举例说明解构赋值的用途。
4. 已知箭头函数 var mul = (m) => m*m，请写出其标准函数的定义格式。
5. 请运行以下程序，给出运行的结果。

```
<script>
    var a = 6;
    var b = 7 {
        var a = 8;
        let b = 9;
        console.log(a);
        console.log(b);
    }
    console.log(a);
    console.log(b);
</script>
```

6. 编写函数，该函数可以对输入的一组数求最大值和最小值，并使用解构赋值返回最大值和最小值。
7. 用解构赋值编写排序函数，对输入的一组数进行排序后返回。
8. 已知一个对象数据如下，请编码遍历输出其中的所有数据。

```
{
```

```
    press: '人民邮电出版社',
    list: [{
            type: '文学',
            name: ['水浒传', '西游记', '红楼梦','三国演义']
        },
        {
            type: '计算机',
            name: ['C 语言', 'Java', 'JavaScript', 'CSS', 'Vue']
        }
    ]
}
```

课后实训

1．已知保存两条用户信息的数组 users，请编写读取该数组内容的函数，函数的参数为数组的索引号，返回值为数组指定索引的数据。

```
    let users = [{id: '001',name: '张三',pass: '123',role: '管理员'},
        {id: '002',name: '李四',pass: '456', role: '普通用户'}];
```

2．编写 HTML 页面，调用函数将数组指定索引的数据输出到 HTML 页面中。

模块 3 Vue 实例

Vue 实例是与 Vue 页面视图一一映射的 JavaScript 对象，实现了 Vue 的 MVVM（Model-View-ViewModel）数据模式，本模块介绍 Vue 实例的基本选项，这些选项是学习 Vue 开发的基础。

【学习目标】

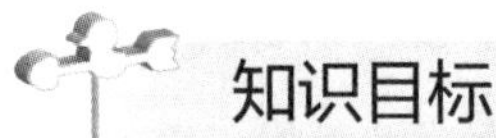

知识目标

- 了解 Vue 的数据模型与优势。
- 掌握创建与运行 Vue 项目的方法。
- 掌握 Vue 实例的数据选项、计算选项、状态监听选项和方法选项的用法。
- 掌握 Vue 实例的生命周期及 Vue 实例属性与方法的用法。

能力目标

- 具备描述 Vue 优势的能力。
- 具备创建与运行 Vue 项目的能力。
- 具备使用计算选项与状态监听选项处理数据和使用方法选项响应用户操作的能力。
- 具备使用 Vue 实例属性与方法的能力。

素质目标

- 具有创建 Vue 项目的素质。
- 具有数据安全意识。
- 具有良好的软件编码规范素养。

任务 3.1 了解 Vue 的基本概念

Vue 作为 uni-app 项目的开发框架和前端三大主流开发框架之一，具有非常强大的开发功能。

本任务简单介绍 Vue 的一些相关概念，以方便读者了解 Vue 的背景，深刻理解 Vue 的数据模型。

3.1.1 前端开发框架比较

随着前端技术的发展，纯粹的 HTML+CSS+JavaScript 开发模式已经不能完全满足应用的需求，特别是针对大型的网站，代码量会非常大，开发也会非常复杂，因此，前端框架的概念与体系应运而生。框架基于组件技术，能够封装功能，可以大大地优化和简化应用程序的开发。例如，Bootstrap 框架封装了大量的样式，能够简化 CSS 的设计，提供各种漂亮的控件（如按钮、表单等）和实用网站开发技术（如菜单设计、轮播等技术）。目前市面三大前端主流框架分别是 Angular、React 和 Vue。

① Angular 的早期版本是 AngularJS，诞生于 2009 年，由 Misko Hevery 等人创建，后被 Google 收购，是一个应用设计框架与开发平台，用于创建高效、复杂、精致的单页面应用，通过新的属性和表达式扩展了 HTML，实现了一套框架在多种平台应用，包括移动端和桌面端。AngularJS 有诸多特性，核心的特性是 MVVM 模式、模块化、自动化双向数据绑定、语义化标签、依赖注入等。

② React 是用于构建用户界面的 JavaScript 库，于 2013 年 5 月开源，其主要用于构建 UI（User Interface，用户界面），用户可以在 React 里传递多种类型的参数，如 UI、静态 HTML DOM 元素、动态变量，以及可交互的应用组件等。

③ Vue 早期开发的灵感来源于 AngularJS，解决了 AngularJS 中存在的许多问题，于 2014 年上线。Vue 继承了 Angular 和 React 两个框架的优势，代码简洁、上手容易，上市后即在市面上得到了广泛的应用。

三个框架的简单比较如表 3-1 所示。

表 3-1 Angular、React 和 Vue 的简单比较

比较的项目	Angular	React	Vue
应用类型	Native 应用程序、混合应用程序和 Web 应用程序	SPA（Single Page Web Application，单页 Web 应用）和移动应用程序	高级 SPA 和 Native 应用程序
应用场景	大规模、功能丰富的应用程序	iOS、Android 现代 Web 开发和原生渲染应用程序	Web 开发和 SPA
开发特色	基于结构的框架	开发环境具有灵活性	分层开发
开发模型	基于 MVC（模型-视图-控制器）架构	基于 Virtual DOM	基于 Virtual DOM
社区支持	庞大的开发者和支持者社区	Facebook 开发者社区	开源项目，通过众包赞助
语言首选项	TypeScript	JSX-JavaScript XML	HTML 模板和 JavaScript
使用的公司	Google、Forbes、Wix	Uber、Reddit、PavPal、Walmart 等	阿里巴巴、百度、GitLab 等

3.1.2　Vue 创始人介绍

尤雨溪是 Vue 的作者，也是 Vite 的作者，HTML5 版 Clear 的打造人，是独立开源开发者。尤雨溪曾就职于 Google Creative Lab 和 Meteor Development Group，大学专业是室内艺术和艺术史，硕士专业是美术设计和技术，读硕士期间偶然接触到了 JavaScript，并被这门编程语言深深吸引，工作中接触了大量的开源 JavaScript 项目，最后自己也走上了开源之路，开启了自己的前端生涯。于 2014 年 2 月开发了 Vue 前端开发库，现全职开发和维护 Vue 与 Vite。

3.1.3　Vue 的数据模型

Vue（读音/vjuː/，类似于 View）是一套用于构建用户界面的渐进式框架，可以自底向上逐层应用，其核心库只关注视图层，易于上手，便于与第三方库或既有项目整合。与现代化的工具链及各种支持类库结合使用时，能够完全为复杂的单页应用提供驱动。

建议学习 Vue 前先深入学习 HTML、CSS 和 JavaScript 的知识。

Vue 提供了一个 MVVM 模式的双向数据绑定 JavaScript 库。MVVM 是 Presentation Model 模式的演变。与 Presentation Model 模式一样，MVVM 模式抽象了 View 的状态和行为，简化了用户界面的事件驱动编程方式，更专注于 View 层。其核心是 MVVM 中的 VM（即 ViewModel），ViewModel 负责连接 View 和 Model，提供对 View 和 Model 的双向数据绑定，能够保证视图和数据的一致性，让前端开发更加高效、便捷。

MVVM 模式如图 3-1 所示，Vue 实际对应其中的 VM，因此，在官方文档中经常可以看到使用 vm 这个变量名来表示 Vue 实例。View 层代表视图、模板，负责将数据模型转化为 UI 展现出来。Model 层代表模型、数据，可以定义数据修改和操作的业务逻辑。ViewModel 层连接 Model 层和 View 层，通过双向数据绑定将 View 层和 Model 层连接起来，View 层通过 ViewModel 层从 Model 层获取数据并进行显示，Model 层通过 ViewModel 层获取 View 层数据并进行处理。通过 ViewModel 层，View 层和 Model 层数据实现了自动同步，开发者不再需要手动操作 DOM，只需要关注业务逻辑即可，复杂的数据状态维护交给了 MVVM 模式来统一管理，大大地简化了应用的开发。

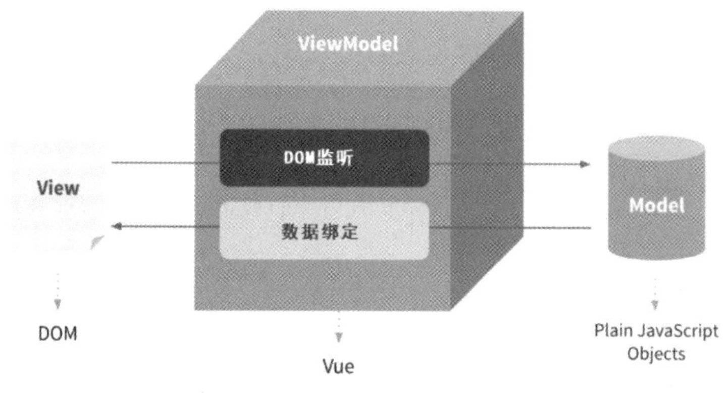

图 3-1　MVVM 模式

3.1.4 Vue 的优势

1. Vue 和 React

Vue 和 React 有许多相似之处，都使用 Virtual DOM（虚拟 DOM），都提供了响应式（Reactive）和组件化（Composable）的视图组件，将其他功能（如路由和全局状态管理）交给相关的库，从而能够将注意力集中保持在核心库。鉴于其具有众多的相似之处，这里对其进行简单的比较。

（1）运行时性能

Vue 和 React 的运行速度都非常快，都具有强大的运行性能，但是优化方面有区别。React 的某个组件状态发生变化时会以该组件为根，重新渲染整个组件子树。如果想要避免不必要的子组件被重新渲染，就需要使用 PureComponent()或 shouldComponentUpdate()方法，而且有限定条件，如可能需要使用不可变的数据结构、保证组件的子树渲染输出都由组件的 props 决定等，组件优化非常复杂。Vue 组件的依赖在渲染过程中自动追踪组件，系统能够准确知道哪个组件需要重新渲染，开发者不需要考虑此类优化，从而能够更好地专注于应用本身。

（2）HTML 和 CSS

React 中一切都要用到 JavaScript，HTML 可以用 JSX（JavaScript XML）来表达，CSS 也越来越多地被纳入 JavaScript 中来处理，因此学习 React 就需要掌握相关语法。Vue 的整体思想是拥抱经典 Web 技术，并在其上进行扩展，对很多习惯了 HTML 的开发者来说，开发更为自然，且基于 HTML 的模板使已有的应用迁移到 Vue 更为容易。针对组件作用域内的 CSS，React 通过 CSS-in-JS 的方案实现 CSS 作用域，与普通 CSS 撰写过程不同，引入了新的面向组件的样式范例。Vue 设置样式的默认方法是在单文件组件里使用<style>标签，样式设置更为灵活，通过 vue-loader 可以使用任意预处理器、后处理器，甚至可以将 CSS Modules 深度集成在<style>标签内，使用更为方便。

（3）规模

向上扩展方面，Vue 和 React 都提供了应对大型应用的强大路由。React 提供了 Flux、Redux 等状态管理模式，这些模式可以非常容易地集成在 Web 应用中。Vue 拓展了状态管理模式（Vuex），开发体验更好。Vue 还提供了 CLI（Command-Line Interface，命令行界面，俗称脚手架），通过交互式的 CLI 可以方便地构建项目和快速开发组件原型，React 的 create-react-app 尚存在一些局限性。

向下扩展方面，React 的学习曲线陡峭，开始学 React 前就需要知道 JSX 和 ES2015；Vue 向下扩展后类似于 jQuery，只需要引入类库就可以运行程序。类库可以是本地类库，也可以是在线类库。

将 Vue 开发环境代码应用到生产环境中只需要用 min 版 vue 类库文件替换开发环境的 vue 类库文件就好，不需要担心其他性能问题，更为方便。

（4）原生渲染

React Native 能使用相同的组件模型编写具有本地渲染能力的 App（iOS 和 Android），能同时跨多平台开发，开发效率非常高。Vue 和 Weex 进行了官方合作，Weex 是阿里巴巴发起的跨平台用户界面开发框架，允许使用 Vue 语法开发，可以运行在浏览器端、iOS 和 Android 上的原生应用组件。

2. AngularJS 与 Vue

AngularJS 是 Vue 早期开发的灵感来源，Vue 的一些语法和 AngularJS 的很类似，这里也对其进行简单比较。

（1）复杂性

在 API 与设计两方面，Vue 都比 AngularJS 简单得多。

（2）灵活性和模块化

Vue 是一个更加灵活、开放的解决方案，允许以任意方式组织应用，提供了用于搭建应用项目的 CLI，能够使多样化的构建工具通过妥善的默认配置无缝协作，节约了用户在配置上花费的时间。同时还提高了配置的灵活性，满足特殊的应用搭建需求。AngularJS 需要遵循自身制定的规则，灵活性不及 Vue。

（3）数据绑定

AngularJS 数据绑定使用双向数据流，Vue 数据绑定使用单向数据流，应用中的数据流更加清晰易懂。

（4）指令与组件

在 Vue 中，指令和组件划分更为清晰，指令用于封装 DOM 操作，组件是一个具有视图和数据逻辑的独立单元。AngularJS 中每件事都由指令来做，组件是一种特殊的指令，Angular（Angular 2）采用了和 AngularJS 完全不同的框架，也具有优秀的组件系统。

（5）运行时性能

Vue 使用基于依赖追踪的观察系统，队列异步更新，所有数据变化独立触发，不使用脏检查，具有更好的性能，非常容易优化。当 AngularJS 中 watcher 增加时，其运行速度会变得越来越慢，特别是一些 watcher 触发另一个更新时，脏检查循环（Digest Cycle）可能需要运行多次，效率会非常低。

3. Vue 的优势总结

通过前面的比较，可以简单总结 Vue 的优势如下。

① Vue 是一款轻量级框架，使用相对简单、直接，学习成本低，更加友好。

② Vue 可以进行组件化开发，将数据与结构分离，代码量更少，开发效率更高。

③ Vue 是一个 MVVM 框架，可以使数据双向绑定，使视图和数据同步变化，在进行表单处理时非常方便。

④ Vue 是单页面应用，使用路由进行页面局部刷新，不必每次都请求数据，加快了访问速度，提升了用户体验。

⑤ Vue 使用 Virtual DOM，浏览器不必多次渲染 DOM 树，页面更为流畅，用户体验更好。

⑥ Vue 的运行速度更快，性能更为强大。

任务 3.2　显示数据内容

微课 3-1　显示数据内容

使用 Vue 数据选项定义待显示数据，在页面中使用插值表达式将数据显示出来，程序运行效果如图 3-2 所示。

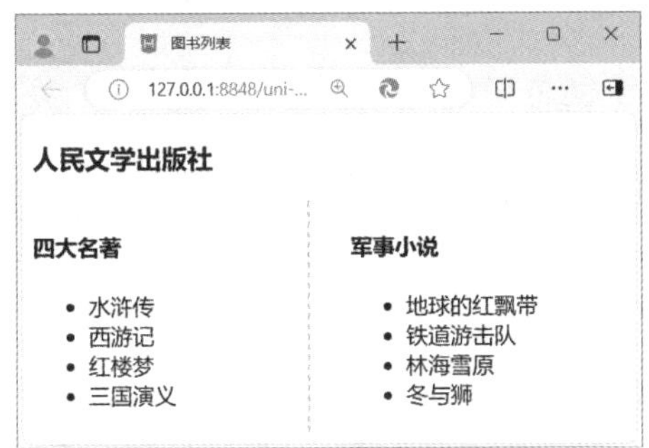

图 3-2　显示数据内容

3.2.1　创建与运行 Vue 项目

打开 HBuilderX 编辑器，在文件（File）菜单中单击“新建”→“项目”，打开新建项目对话框（见图 1-3），选择项目的模板“vue 项目（普通模式）在 html 中引用 vue.js（v3.2.8）”，单击“浏览”按钮，选择项目的存放路径，输入项目名称，例如“uni-ch3”，单击“创建”按钮完成项目创建。

项目创建完毕后将自动生成项目结构和项目首页文件（index.html），并打开项目开发环境（见图 1-4）。在项目的 js 目录下自动添加“v3.2.8”目录，并在目录下添加 vue 库文件“vue.global.prod.js”，在项目首页文件中自动生成如下代码。

```
<!DOCTYPE html>
<html>
    <head>
        <meta charset="utf-8" />
        <title></title>
        <!-- <script src="https://unpkg.com/vue@next"></script> -->
        <script src="js/v3.2.8/vue.global.prod.js" type="text/javascript"
                charset="utf-8">
        </script>
    </head>
    <body>
        <div id="app">
            {{ counter }}
        </div>
        <script>
            const App = {
                data() {
                    return {
                        counter: 0
                    }
                }
            };
            Vue.createApp(App).mount('#app');
        </script>
    </body>
</html>
```

代码中涉及两个 Vue 构造器方法。

（1）createApp()方法用于创建 Vue 应用实例，其包含两个参数，第 1 个参数是 Vue 根组件，第 2 个参数可选，用于定义要传递给 Vue 根组件的数据。

（2）mount()方法用于将 Vue 根组件挂载到一个 HTML 容器元素中，限定 Vue 根组件的视图作用范围，并返回 Vue 实例对象。该方法的参数是一个由 CSS 选择器匹配的 HTML 元素，如果匹配到的元素不止一个，就使用第一个匹配到的 HTML 元素。

关于上述自动生成代码的分析如下。

（1）上述代码使用 script 元素引入了 Vue3 的库文件“vue.global.prod.js”。Vue 项目必须引入 vue 库文件，该文件可以是本地文件，也可以是网络在线文件。

（2）上述代码使用 const 命令声明了名字为“App”的对象，在该对象里使用 data()函数定义了名字为“counter”的数据。

（3）上述代码将“App”对象作为 Vue 根组件调用了 Vue 构造器方法 createApp()，生成了 Vue 应用实例。然后，调用 Vue 应用实例的 mount()方法将 Vue 根组件挂载到了 id 属性值为“app”的 div 容器元素中，实现了 Vue 根组件与 HTML 页面视图的对应关系。

（4）上述代码在 id 属性值为“app”的 div 容器元素中使用插值表达式访问了 Vue 根组件的“counter”数据。

在 HTML 文件中可以运行 vue 代码。保存 HTML 文件后直接打开内置浏览器，或者将 HTML 文件运行到外置浏览器，均可查看程序的运行效果，程序运行后会在 HTML 网页中显示 Vue 根组件中“counter”数据的值“0”。

3.2.2 数据选项

Vue 根组件使用 data()函数定义实例的数据选项，然后选项返回一个 JavaScript 对象，在该对象中通过“属性名/属性值”对的格式定义数据，可以根据需要定义多个不同类型的数据。Vue 是 MVVM 模式的数据绑定，定义后数据会自动加入到 Vue 的响应式系统中，方便在页面视图中访问。

数据命名遵循 JavaScript 变量命名规范，以字母开头，不允许使用关键字如 for、switch 等。

1. 在页面视图中访问数据

数据被定义以后，在页面视图中用户可以使用插值表达式（{{}}）直接访问该数据，也可以使用本书模块 4 中介绍的绑定语法访问。

【例 3-1】 在 Vue 实例中定义一个名为 msg 的数据，使用插值表达式在页面视图中显示其定义的数据的值，程序运行效果如图 3-3 所示。

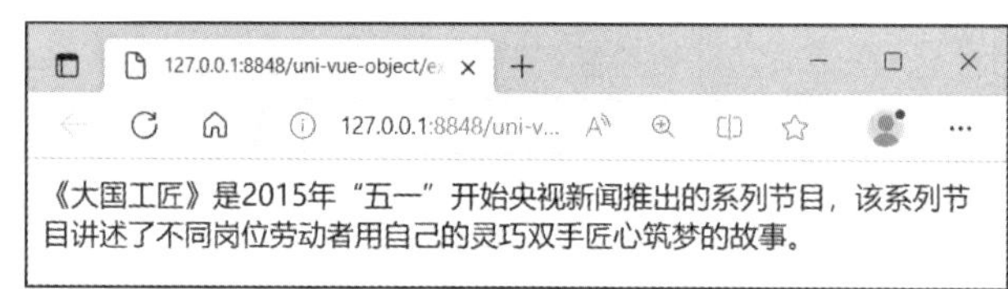

图 3-3　显示简单文本数据

新建 Vue 项目，在 HTML 文件中编写如下代码。

```
<body>
    <div id="app">
        <!--显示名为 msg 的数据的值--> {{msg}}
    </div>
    <script>
        const App = {
            //数据，用于返回匿名对象
            data() {
                return {
                    //定义名字为 msg 的数据
                    msg: '《大国工匠》是 2015 年“五一”开始央视新闻……'
                }
            }
        };
        Vue.createApp(App).mount('#app');
    </script>
</body>
```

还可以将数据用于复杂插值表达式的运算中。

【例 3-2】 编码显示表达式数据，用布尔型数据 flag 模拟灯光开关的控制，程序运行效果如图 3-4 所示。

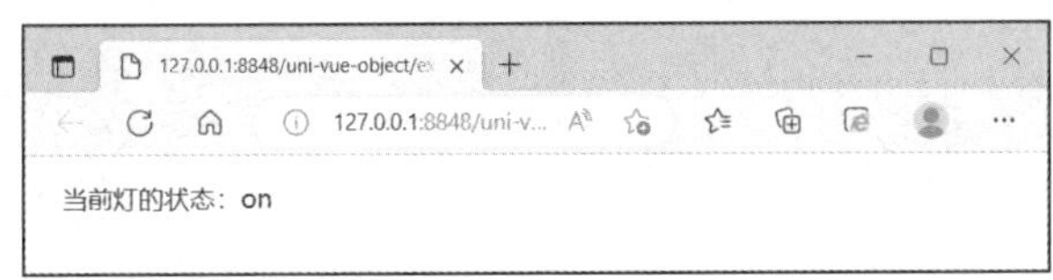

图 3-4 用布尔型数据 flag 模拟灯光开关的控制

新建 Vue 项目，在 HTML 文件中编写如下代码。

```
<body>
    <div id="app">
        <!-- 将数据用于三元运算符插值表达式中 -->
        当前灯的状态：{{flag ? 'on' : 'off'}}
    </div>
    <script>
        const App = {
            data() {
                return {
                    //定义布尔型开关量数据
                    flag: true
                }
            }
        };
        Vue.createApp(App).mount('#app');
```

```
        </script>
    </boby>
```

数据可以是简单数据类型，也可以是任意复杂数据类型，如数组、对象等。

【例 3-3】 使用两个 Vue 实例分别显示文本数据和数组数据，程序运行效果如图 3-5 所示。

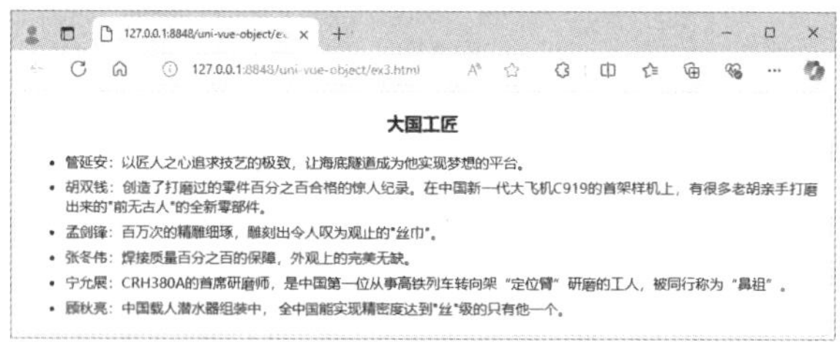

图 3-5 显示文本数据和数组数据

新建 Vue 项目，在 HTML 文件中编写如下代码。

```
<!DOCTYPE html>
<html>
    <head>
        <meta charset="utf-8" />
        <title></title>
        <script src="js/v3.2.8/vue.global.prod.js"></script>
        <style>
           /*样式代码，读者可以根据喜好自行设计*/
            h3 {
                text-align: center;
            }
            li {
                font-size: 15px;
                margin: 6px;
                text-align: justify;
            }
        </style>
    </head>
    <body>
        <div id="app">
            <!-- 简单插值表达式直接显示数据-->
            <h3>{{msg}}</h3>
        </div>
        <div class="box">
            <!-- 在插值表达式中访问数组元素 -->
            <ul>
                <li>{{list[0]}}</li>
                <li>{{list[1]}}</li>
                <li>{{list[2]}}</li>
                <li>{{list[3]}}</li>
                <li>{{list[4]}}</li>
```

```
            <li>{{list[5]}}</li>
        </ul>
    </div>
    <script>
        const App1 = {
            data() {
                return {
                    //定义字符串数据
                    msg: '大国工匠'
                }
            }
        };
        const App2 = {
            data() {
                return {
                    //定义数组数据
                    list: ['管延安：以匠人之心追求技艺的极致……',
                        '胡双钱：创造了打磨过的零件百分之百……',
                        '孟剑锋：百万次的精雕细琢，雕刻出……',
                        '张冬伟：焊接质量百分之百的保障……',
                        '宁允展：CRH380A 的首席研磨师……',
                        '顾秋亮：中国载人潜水器组装中，全中国能实现精密度达到"丝"级
的只有他一个。'
                    ]
                }
            }
        };
        Vue.createApp(App1).mount('#app');
        Vue.createApp(App2).mount('.box');
    </script>
</body>
</html>
```

2. 在脚本中访问数据

在脚本中访问数据遵循 JavaScript 语法，在 Vue 根组件对象内部通过 this 指针加成员运算符（.）的方式访问，例如在例 3-1 中，在 App 对象内部访问 msg 数据，代码如下。

```
this.msg
```

在 Vue 实例外部可以通过实例名加成员运算符（.）的方式访问数据。

【例 3-4】 修改例 3-1，增加在 Vue 根组件外部访问数据 msg 的代码，在控制台中用 Vue 根组件和 Vue 实例两种方式输出数据，程序运行效果如图 3-6 所示。

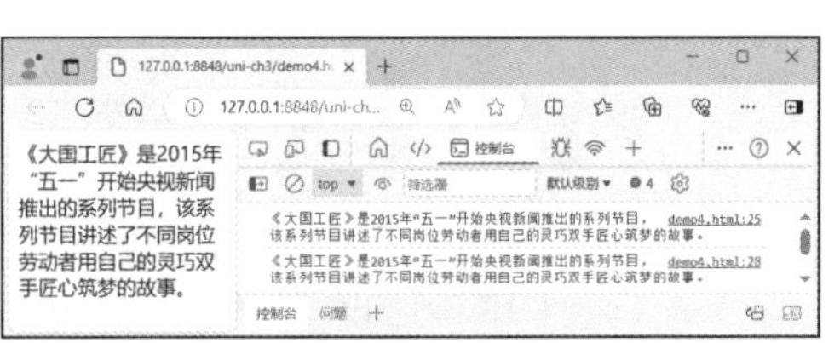

图 3-6　在脚本中访问数据

修改脚本代码，具体如下。

```
<script>
    const App = {
        //数据，用于返回匿名对象
        data() {
            return {
                //定义名为 msg 的数据
                msg: '《大国工匠》是 2015 年“五一”开始央视……'
            }
        }
    };
    //使用 Vue 根组件访问数据
    console.log(App.data().msg);
    //定义 Vue 实例
    let vm = Vue.createApp(App).mount('#app');
    //使用 Vue 实例访问数据
    console.log(vm.msg);
</script>
```

【任务实现】

1. 任务设计

① 使用数据选项定义页面视图中需要显示的数据，出版社名称为简单文本数据，图书信息为数组数据，将每类图书信息设计为 1 个对象数据，对象中包含图书类别名和图书数组。

② 使用插值表达式将相关数据显示在页面视图中。

2. 任务实施

新建 Vue 项目，在 HTML 文件中编写如下代码。

```
<!DOCTYPE html>
<html>
    <head>
        <meta charset="utf-8">
        <title>图书列表</title>
        <script src="js/v3.2.8/vue.global.prod.js"></script>
        <style>
            /*设置图书类别显示格式，文字粗体居中显示 */
            h4 {
                text-align: center;
                font-weight: bold;
            }
            /* 设置弹性布局 */
            #content {
                display: flex;
```

```
        }
        .left {
            flex: 1;
        }
        /* 设置两个图书类别之间的分隔线 */
        .right {
            padding-left: 30px;
            flex: 1;
            border-left: 2px silver dashed;
        }
    </style>
</head>
<body>
    <div id="app">
        <h3>{{press}}</h3>
        <div id="content">
            <!-- 第 1 类图书 -->
            <div class="left">
                <h4>{{list[0].type}}</h4>
                <ul>
                    <li>{{list[0].name[0]}}</li>
                    <li>{{list[0].name[1]}}</li>
                    <li>{{list[0].name[2]}}</li>
                    <li>{{list[0].name[3]}}</li>
                </ul>
            </div>
            <!-- 第 2 类图书 -->
            <div class="right">
                <h4>{{list[1].type}}</h4>
                <ul>
                    <li>{{list[1].name[0]}}</li>
                    <li>{{list[1].name[1]}}</li>
                    <li>{{list[1].name[2]}}</li>
                    <li>{{list[1].name[3]}}</li>
                </ul>
            </div>
        </div>
    </div>
    <script>
            const App = {
                data() {
                return {
                    press: '人民文学出版社',
                    list: [{
                        type: '四大名著',
```

```
                    name: ['水浒传', '西游记',
                    '红楼梦','三国演义'    ]
                },
                {
                    type: '军事小说',
                    name: ['地球的红飘带',
                    '铁道游击队',
                    '林海雪原','冬与狮']
                }
            ]
        }
    }
  };
  Vue.createApp(App).mount('#app');
 </script>
</body>
</html>
```

任务 3.3　设计模拟购物车

设计一个简单的模拟购物车，该购物车能够显示商品名称和单价，单击其中的“+”按钮和“-”按钮可以修改商品购买数量。设置商品购买数量上限为 5，下限为 0，到达数量限制后继续单击对应按钮则会弹出警告信息，图 3-7（a）所示为商品购买数量到达上限 5 以后继续单击“+”按钮时的显示信息。商品购买数量改变时自动小计商品价格，商品数量为 3 时的价格小计结果如图 3-7（b）所示。

微课 3-2　设计模拟购物车

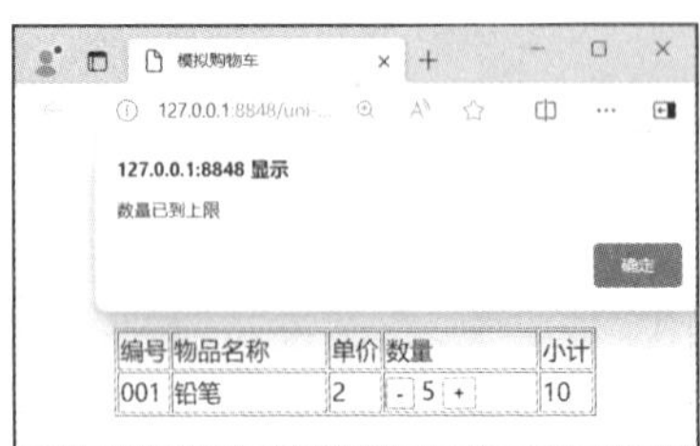

（a）商品购买数量超限时的显示信息

（b）商品数量为 3 时的价格小计

图 3-7　模拟购物车

3.3.1　方法选项

Vue 根组件使用“methods”选项定义方法，定义后就可以使用这些方法响应用户的操作。methods 选项定义格式如下。

```
methods: {
    // 方法定义，遵循 JavaScript 的方法定义语法
}
```

在页面视图中通过调用方法响应用户的操作，如在元素单击事件中调用方法的代码如下。

```
@click="方法名"
```

如果方法没有参数，直接给出方法名即可；如果方法有参数，遵循 JavaScript 中方法参数传递的规则，以方法名加实参的形式对方法进行调用。

【例 3-5】 编写代码对数据进行加密操作，程序初始运行效果如图 3-8（a）所示，单击“数据加密”按钮后将数据的值乘以 2 再加 7 后显示在加密数据的位置，程序运行效果如图 3-8（b）所示。

(a) 初始运行效果

(b) 单击“数据加密”按钮后的运行效果

图 3-8 方法选项

新建 Vue 项目，在 HTML 文件中编写如下代码。

```
<body>
    <div id="app">
        <p>
            原始数据：{{data1}}
            <button @click="opData">数据加密</button>
        </p>
        加密数据：{{data2}}
    </div>
    <script>
            const App = {
                data() {
                    return {
                        data1: 1,
                        data2: 1
                    }
                },
                methods: {
                    opData() {
                        this.data2 = this.data1 * 2 + 7;
                    }
                }
            };
            Vue.createApp(App).mount('#app');
    </script>
</body>
```

【例 3-6】 修改例 3-5，用参数将数据加密的密码传递给方法，实现同样的程序功能。分别修改页面方法调用代码和方法定义代码，具体如下。

```
<!-- 页面方法调用 -->
<button @click="opData(2,7)">数据加密</button>

methods: {
    // 方法定义
    opData(j,h) {
        this.data2 = this.data1 * j + h;
    }
}
```

3.3.2 计算选项

计算选项是一种响应式依赖缓存。当相关响应式依赖发生改变时计算选项会重新求值，它能够处理复杂的数据逻辑，经常用在数据同步变化的机制中。例如，在本节任务中，当商品数量发生变化时，价格小计也需要同步变化，使用计算选项定义价格小计就可以实现。当计算选项依赖的属性值发生改变时，计算选项的值在下一次获取数值时会重新计算，而且数值有缓存，避免了每次获取数值时都要重新计算的麻烦，效率更高。

Vue 根组件使用“computed”选项名定义计算选项，定义语法格式如下。

```
computed: {
    //方法定义，方法名同属性名
}
```

计算属性是方法的返回值，方法名即为属性名，也是计算属性，定义后在页面视图中可以使用属性名访问数据。

【例 3-7】 编码将系统保存的用户密码转换为大写，加上前缀“m_”后进行显示，程序运行效果如图 3-9 所示。

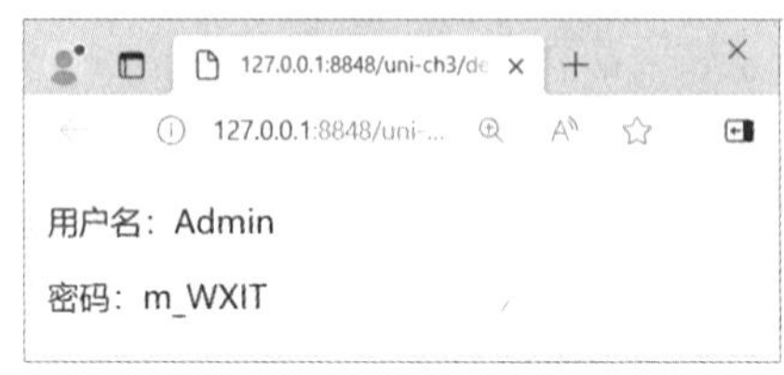

图 3-9 计算选项

新建 Vue 项目，在 HTML 文件中编写如下代码。

```
<body>
    <div id="app">
        <p>用户名：{{name}}</p>
        <p>密码：{{mpass}}</p>
    </div>
    <script>
        const App = {
            data() {
```

```
                return {
                    name: 'Admin',
                    pass: 'wxit'
                }
            },
            computed: {
                /*计算选项，定义名为 mpass 的计算属性*/
                mpass() {
                    return 'm_' + this.pass.toUpperCase();
                }
            }
        };
        Vue.createApp(App).mount('#app');
    </script>
</body>
```

3.3.3 状态监听选项

计算选项能够方便地监听数据的变化，但是，因为有缓存，在数据变化时不适合执行异步或开销较大的操作。状态监听选项是一个观察器，起到数据监听回调的作用，当监听的数据发生变化时执行回调，无缓存，允许执行异步操作，适用于数据变化后需要执行异步或较大开销操作的情况。

Vue 根组件使用“watch”选项名定义状态监听选项，定义语法格式如下。

```
    watch: {
        //方法定义
    }
```

方法名是监听的数据名，可以接受两个参数，第 1 个参数为改变后的数据值，第 2 个参数为改变前的数据值。

【例 3-8】 使用状态监听选项监听数据的变化，程序运行效果如图 3-10 所示。图 3-10（a）所示为初始显示效果，显示数据的初始值 6，单击“生成数据”按钮后将 0～10 内的随机数赋值给数据，由状态监听选项监听数据的变化，如果新值大于 5，就用警告框给出库存不足的提示信息，否则给出库存充足的提示信息，如图 3-10（b）所示。单击警告框的“确定”按钮后显示出数据的新值 3，如图 3-10（c）所示。

(a) 初始显示效果

(b) 单击“生成数据”按钮后的显示效果

(c) 单击警告框中“确定”按钮后的显示效果

图 3-10 状态监听选项

新建 Vue 项目，在 HTML 文件中编写如下代码。

```
<body>
```

```
    <div id="app">
        {{count}}
        <button @click="code">生成数据</button>
    </div>
    <script>
        const App = {
            data() {
                return {
                    count: 6
                }
            },
            methods: {
                code() {
                    //使用数学随机函数随机生成 0~10 内的整数
                    this.count = Math.floor(Math.random() * 10);
                }
            },
            watch: {
                //监听 count 数据的变化
                count(nnew, nold) {
                    if (nnew > 5) {
                        window.alert("超出库存，请重新下单");
                    } else {
                        window.alert("库存充足，请下单");
                    }
                }
            }
        };
        Vue.createApp(App).mount('#app');
    </script>
</body>
```

请多次运行程序，观察程序的运行效果，体会数据监听的过程。由图 3-10 的运行效果可见，数据监听过程结束后，页面视图才显示变化后的新数据。

【任务实现】

1. 任务设计

（1）用计算选项自动小计商品的价格。

（2）用状态监听选项检测商品的购买数量，超过限制后用警告框弹出提示信息。

2. 任务实施

新建 Vue 项目，在 HTML 文件中编写如下代码。

```
<body>
    <div id="app">
        <table border="1px" align="center" style="margin-top: 60px;">
            <caption>
                <h3>模拟购物车</h3>
            </caption>
            <tr>
                <td>编号</td>
                <td width="100px">物品名称</td>
                <td>单价</td>
                <td width="100px">数量</td>
                <td>小计</td>
            </tr>
            <tr>
                <td>001</td>
                <td>铅笔</td>
                <td>2</td>
                <td>
                    <!--改变商品购买数量按钮-->
                    <button class="button-left" @click="sub">-</button>
                    {{num}}
                    <button class="button-right" @click="add">+</button>
                </td>
                <!--计算选项-->
                <td>{{count}}</td>
            </tr>
        </table>
    </div>
    <script>
        const App = {
            data() {
                return {
                    num: 0
                }
            },
            computed: {
                /*计算选项，定义名为 count 的计算属性*/
                count() {
                    //返回单价与数量的乘积
                    return this.num * 2;
                }
            },
            methods: {
```

```
                //递增方法，每次单击数量加 1
                add() {
                    this.num++;
                },
                //递减方法，每次单击数量减 1
                sub() {
                    this.num--;
                }
            },
            watch: {
                //状态监听选项，监听 num 数据
                num(nnew, nold) {
                    //数量上限设为 5
                    if (nnew > 5) {
                        this.num--;
                        window.alert("数量已到上限");
                    }
                    //数量下限设为 0
                    if (nnew < 0) {
                        this.num++;
                        window.alert("数量已到下限");
                    }
                }
            }
        };
        Vue.createApp(App).mount('#app');
    </script>
</body>
```

任务 3.4　全面学习 Vue 实例

了解 Vue 实例的生命周期及其钩子函数的执行顺序和触发条件，掌握 Vue 实例的属性和方法的用法，理解异步更新队列的含义，掌握异步更新队列的用法。

3.4.1　Vue 实例的生命周期

Vue 实例的生命周期会经历创建、挂载、更新和取消挂载 4 个阶段，并完成一系列的初始化过程，如设置数据监听、编译模板、将实例加载到 Virtual DOM 等，在这个过程中会触发一些生命周期钩子函数，如表 3-2 所示，可以在这些函数中编写代码实现程序的特殊功能，如初始化和释放资源等。

表 3-2　Vue 实例的生命周期钩子函数

函数	说明
beforeCreate()	在实例初始化之后，数据观测（Data Observer）和事件配置之前被调用

续表

函数	说明
created()	在实例创建完成后立即被调用，在这一步中，实例已经完成数据观测、属性和方法的运算、事件回调。然而，挂载阶段还没开始，$el 属性尚不可使用
beforeMount()	在挂载开始之前被调用，相关的 render()函数首次被调用，该函数在服务器端渲染期间不被调用
mounted()	在实例被挂载后被调用，但并不保证所有的子组件也都一起被挂载。如果希望等到整个视图都渲染完毕再进行操作，可以在 mounted ()函数内部使用 nextTick()方法异步更新队列，该函数在服务器端渲染期间不被调用
beforeUpdate()	在数据更新时被调用，发生在虚拟 DOM 打补丁之前。该函数适合在更新之前访问现有的 DOM，比如手动移除已添加的事件监听器等。该函数在服务器端渲染期间不被调用，只有初次渲染会在服务器端运行
updated()	在由数据更改导致的虚拟 DOM 重新渲染和打补丁之后调用该函数。函数被调用时组件 DOM 已经更新，可以执行依赖于 DOM 的操作，但是一般不在此期间更改状态，如果确实需要更改，通常使用计算属性或状态监听取而代之。由于 updated()函数不会保证所有的子组件都一起被重绘，所以如果希望等到整个视图都重绘完毕，可以在 updated ()函数里使用 nextTick ()方法异步更新队列，该函数在服务器端渲染期间不被调用
activated()	在被 keep-alive 缓存的组件激活时被调用。该函数在服务器端渲染期间不被调用
deactivated()	在被 keep-alive 缓存的组件停用时被调用。该函数在服务器端渲染期间不被调用
beforeUnmount()	在组件实例被卸载之前调用
unmounted()	在组件实例被卸载之后调用

生命周期钩子函数自动将 this 上下文指针绑定到了实例中，因此用户可以直接访问数据，以及对属性和方法进行运算，但是不能使用箭头函数定义生命周期钩子函数，因为箭头函数会绑定函数自己的上下文指针。

3.4.2 Vue 实例属性与方法

1. Vue 实例属性

使用 Vue 实例属性能够访问 Vue 实例的选项。常用的 Vue 实例属性如表 3-3 所示。

表 3-3 常用的 Vue 实例属性

属性	返回值	说明
$el	HTMLElement（只读）	Vue 实例使用的根 DOM 元素
$data	Object	Vue 实例正在监听的数据对象

续表

属性	返回值	说明
$options	Object	当前 Vue 实例的初始化选项
$root	Vue 类型	当前组件树的 Vue 根实例，如果当前该实例没有父实例，返回自身
$children	Array<Vue>（只读）	当前根实例的直接子实例，不保证顺序，也不是响应式的
$refs	Object（只读）	注册过 ref 属性的所有 DOM 元素和组件实例

2. Vue 实例方法

使用 Vue 实例方法可以访问 Vue 实例的生命周期钩子函数和方法选项里的函数，格式如下。

```
vm.$functionname();
```

其中，vm 是 Vue 实例的名字，functionname 是函数的名字。例如，实例销毁钩子函数的调用语句如下。

```
vm.$destroy();
```

【例 3-9】 修改例 3-7，为 p 元素增加 ref 属性，在 mounted()钩子函数里使用 refs 实例属性访问元素，将用户名转换为大写，添加“m_”前缀，程序运行效果如图 3-11 所示。

图 3-11 Vue 实例属性与钩子函数

为 p 元素增加 ref 属性，修改后的代码如下。

```
<p ref="p">{{name}}</p>
```

在 Vue 实例中增加 mounted()钩子函数，代码如下。

```
mounted() {
    this.$refs.p.innerText ='m_'+this.name.toUpperCase();
}
```

【例 3-10】 修改例 3-9，将 mounted()钩子函数里的代码改写到 created()钩子函数里，查看程序运行效果。

由程序运行效果可见，元素的显示内容没有改变，代码没有被执行，证明在该钩子函数里元素还没有被挂载。

3. 异步更新队列

Vue 异步执行 DOM 的更新，当监听到数据变化时会开启一个队列，在队列中缓存同一事件循环中发生的所有数据变更。同一个监听被多次触发只会被推入队列中一次。这种机制对去除重复数据和避免不必要的计算与 DOM 操作等非常重要，但是，也会带来组件不会立即重新渲染的后果。如果想基于更新后的 DOM 状态操作就会比较棘手，可以使用 Vue 的 nextTick(callback)方法进行操作。方法参数为一个回调函数，回调会延迟到 DOM 更新之后执行。

微课 3-3 异步更新队列

【例 3-11】 编写代码，测试异步更新实例方法的用法，程序运行效果如图 3-12 所示，由运行效果可见，Vue 数据确实采用异步更新机制，想要使用更新后的状态，需要在 nextTick()方法中进行操作。

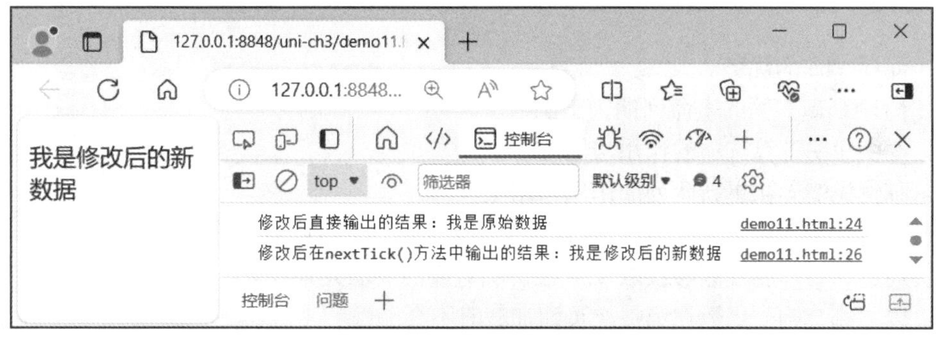

图 3-12 异步更新队列

新建 Vue 项目，在 HTML 文件中编写如下代码。

```
<body>
    <div id="app">
        <p ref="p">{{msg}}</p>
    </div>
    <script>
        const App = {
            data() {
                return {
                    msg: '我是原始数据'
                }
            }
        };
        const vm = Vue.createApp(App).mount('#app');
        //修改数据
        vm.$data.msg = '我是修改后的新数据';
        //输出数据
        console.log("修改后直接输出的结果：" + vm.$refs.p.innerText);
        Vue.nextTick(()=> {
```

```
                console.log("修改后在 nextTick()方法中输出的结果："
                            + vm.$refs.p.innerText);
            });
        </script>
    </body>
```

模块小结

本模块主要介绍 Vue 实例，包括 Vue 实例的选项与生命周期，这些是 Vue 开发的基础。学完本模块后应熟练掌握 Vue 实例的数据选项、计算选项、状态监听选项和方法选项的用法，能够根据需要在 Vue 实例生命周期钩子函数中处理数据，使用 Vue 实例属性和方法访问 Vue 实例的选项和生命周期钩子函数。

课后习题

1．简述 Vue 的优势。

2．简述 Vue 实例的生命周期钩子函数。

3．举例说明计算选项的作用与用法。

4．举例说明异步更新队列的作用与用法。

5．通过 Vue 实例的________属性能够获取页面元素的 DOM 对象。

6．通过_______属性能够获取 Vue 根实例对应的页面元素。

7．以下哪个钩子函数在第一次页面加载时不会触发？（　　）

A．beforeCreate()　　B．created()　　C．updated()　　D．mounted()

8．DOM 渲染在哪个周期中就已经完成？（　　）

A．beforeCreate()　　B．created()　　C．beforeMount ()　　D．mounted()

9．以下哪项说法不正确？（　　）

A．通过 this.$parent 能够查找当前实例的父实例

B．通过 this.$refs 能够查找命名子实例

C．通过 this.$children 能够按顺序查找当前实例的直接子实例

D．通过$root 能够查找根实例，配合$children 可遍历全部实例

10．关于生命周期的描述，以下哪项说法不正确？（　　）

A．在 mounted 事件中，DOM 渲染已经完成了

B．生命周期是 Vue 实例从创建到销毁的过程

C．在 created 事件中，数据观测、属性和方法的运算已完成，但是$el 属性还不能访问

D．页面首次加载会依次触发 beforeCreate ()、created ()、beforeMount ()、mounted ()、beforeUpdate ()、updated ()钩子函数

课后实训

1．参考图 3-13 所示的界面设计一个静态用户信息注册项目，每次单击“添加用户”

按钮添加一条标准用户信息到数组，并显示在表格中，每次单击“删除用户”按钮删除掉一条用户信息。

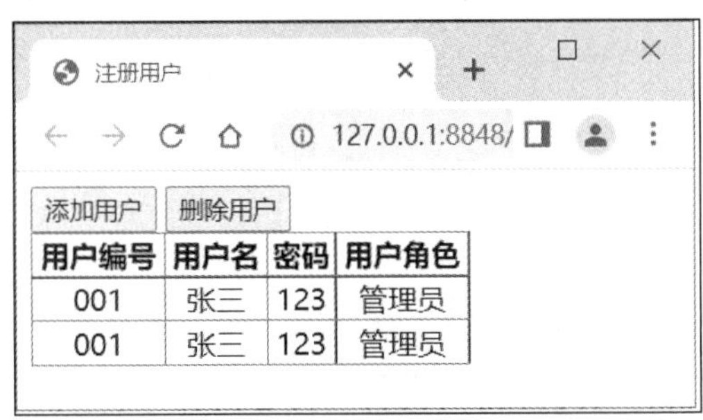

图 3-13　注册用户

2．使用计算选项设计猜数字游戏，由随机数生成器生成 0～300 内的随机数，当随机数的值与指定的数据的值相等时，弹出提示信息。

模块 4 Vue 指令

Vue 指令是 MVVM 数据模式的具体体现。用户通过 Vue 指令，实现了页面视图与 Vue 实例的便捷数据交换。本模块全面介绍 Vue 指令的用法，Vue 指令的用法是使用 Vue 进行项目开发的必备知识。

【学习目标】

知识目标

- 掌握使用 v-model 指令进行双向数据绑定的方法。
- 掌握使用 v-bind 指令进行单向数据绑定的方法。
- 熟悉列表渲染指令 v-for 的用法。
- 掌握条件渲染指令 v-if、v-else、v-show 和事件绑定指令 v-on，以及其他常用指令的用法。

能力目标

- 具备使用指令进行单向/双向数据绑定的能力。
- 具备使用指令进行列表/条件显示数据的能力。
- 具备使用指令设计元素动态显示样式的能力。

素质目标

- 具有使用 Vue 指令设计交互应用程序的素质。
- 具有使用 Vue 指令动态修改页面视图显示样式的素质。
- 具有人文审美素养。

微课 4-1 设计用户注册程序

任务 4.1 设计用户注册程序

设计一个用户注册程序，程序运行效果如图 4-1 所示。图 4-1（a）所示为程序初始运行效果；图 4-1（b）所示为复选框选中后的运行效果，由图可见，“注册”按钮显示了出来；图 4-1（c）所示为用户名和密码输入框为空时单击“注册”按钮的运行效果，程序给出了要求输入用户名和密码的提示信息；图 4-1（d）所示为输入了用户名和密码后单击“注册”按钮的运行效果，系统给出了欢迎新注册用户的信息。

(a) 初始运行效果

(b) 复选框选中后的运行效果

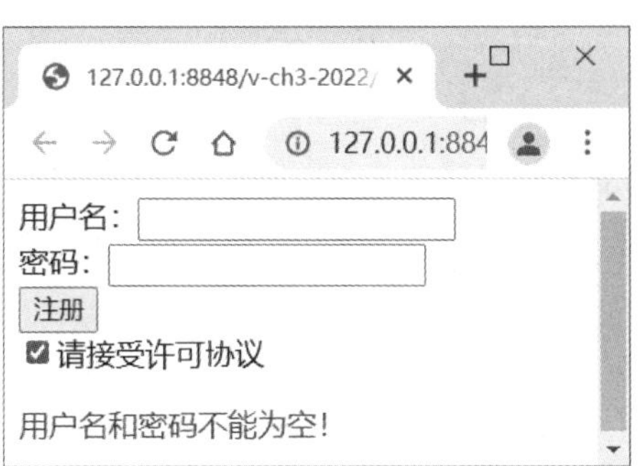

(c) 未输入信息时单击“注册”按钮的运行效果

(d) 输入信息后单击“注册”按钮的运行效果

图 4-1 用户注册程序

4.1.1 v-text 指令

v-text指令用于为元素绑定文本内容，使元素的显示文本与绑定的数据同步变化，是一种单向数据绑定，一般用于显示静态文本，作用同插值表达式。

【例 4-1】 使用 v-text 指令为元素绑定显示文本，程序运行效果如图 4-2 所示。

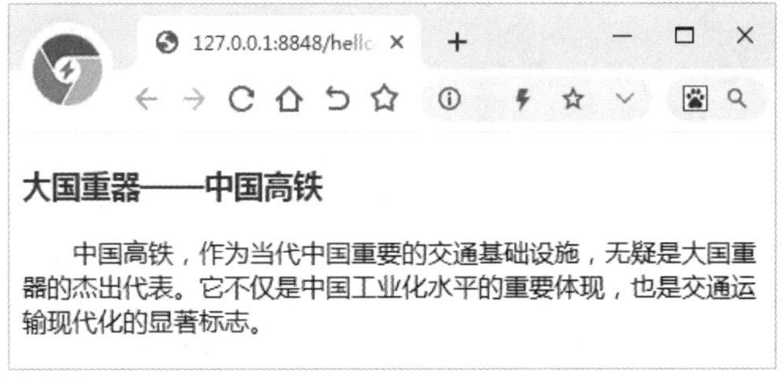

图 4-2 v-text 指令用法

新建 Vue 项目，在 HTML 文件中编写如下代码。

```
<body>
    <div id="app">
        <h3 v-text="smsg" style="color: red;"></h3>
        <p v-text="pmsg" ></p>
    </div>
    <script>
        const App = {
                        data() {
                            return {
                                smsg: '大国重器——中国高铁',
                                pmsg: "中国高铁，作为当代中国……"
                            }
                        }
                    };
        Vue.createApp(App).mount('#app');
    </script>
</body>
```

字符串表达式可以用单引号，也可以用双引号引起来，ES6 推荐使用单引号。

4.1.2 v-html 指令

v-html 指令用于为元素绑定 innerHTML，是一种单向数据绑定，绑定内容会用 HTML 元素解释，需要注意的是元素内容以普通 HTML 插入，不会作为 Vue 模板进行编译。在网站上动态渲染 HTML 容易导致 XSS（Cross Site Scripting，跨站脚本攻击），因此不建议使用。

【例 4-2】 使用 v-html 指令为元素绑定 innerHTML，并体会与使用 v-text 指令绑定的区别，程序运行效果如图 4-3 所示。

图 4-3 v-html 指令用法

新建 Vue 项目，在 HTML 文件中编写如下代码。

```
<body>
    <div id="app">
        <p v-html="msg"></p>
        <p v-text="msg"></p>
    </div>
    <script>
        const App = {
                    data() {
                        return {
```

```
                        msg: '<h1>一级标题<h1>'
                    }
                }
            };
        Vue.createApp(App).mount('#app');
    </script>
</body>
```

4.1.3　v-model 指令

1. 基本语法

v-model 指令用于进行双向数据绑定，只能在表单输入元素中使用，包括 input、select、textarea 这 3 个元素，绑定行为随表单元素类型不同而不同，会根据表单元素类型自动选取正确的方法来更新元素。

① 文本类型的 input 元素和 textarea 元素使用 value 属性和 input 事件。

② 单选按钮和复选框类型的 input 元素使用 checked 属性和 change 事件。

③ select 元素使用 value 属性和 change 事件。

v-model 指令会忽略所有表单元素的 value、checked、selected 属性的初始值，总是将 Vue 实例的数据作为数据来源。

【例 4-3】 使用 v-model 指令为文本框进行双向数据绑定，程序运行效果如图 4-4 所示。图 4-4（a）所示为程序初始运行效果，图 4-4（b）所示为单击“注册”按钮的运行效果，由运行效果可见，文本框显示信息发生了改变，将在“注册”按钮中对 v-model 指令绑定的数据的修改显示到了文本框元素中。

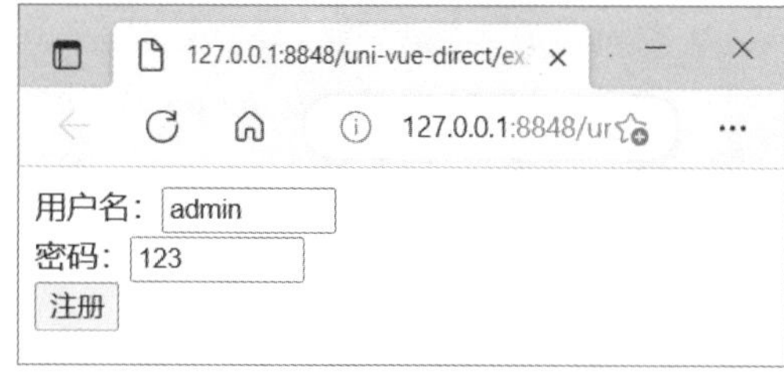

(a) 初始运行效果

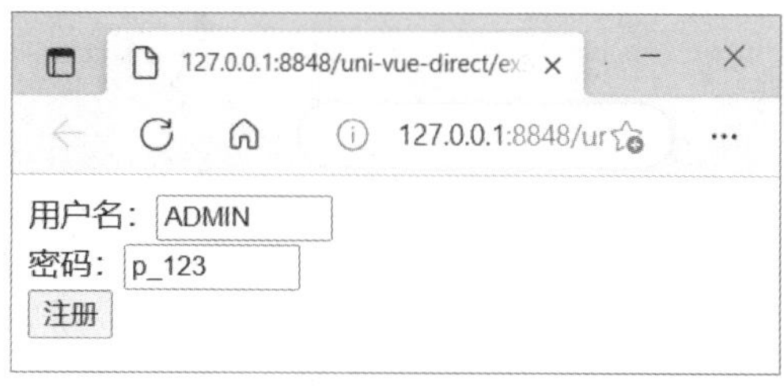

(b) 单击“注册”按钮的运行效果

图 4-4　v-model 指令与文本框

新建 Vue 项目，在 HTML 文件中编写如下代码。

```
<body>
    <div id="app">
        用户名：<input v-model="vname" /><br>
        密码：<input v-model="vpass" /><br>
        <button @click="register">注册</button><br>
    </div>
    <script>
        const App = {
                data() {
```

```
                return {
                    vname: 'admin',
                    vpass: '123'
                }
            },
            methods: {
                register() {
                    //将用户名转换为大写
                    this.vname = this.vname.toUpperCase();
                    //为用户密码添加前缀'p_'
                    this.vpass = 'p_' + this.vpass;
                }
            }
        };
        Vue.createApp(App).mount('#app');
    </script>
</body>
```

【例 4-4】 使用 v-model 指令为复选框进行双向数据绑定，程序运行效果如图 4-5 所示。图 4-5（a）所示为程序初始运行效果，图 4-5（b）所示为取消复选框选中后的运行效果，由运行效果可见，在页面上修改复选框的选中状态时，复选框中绑定的数据 checked 也同步发生了变化。

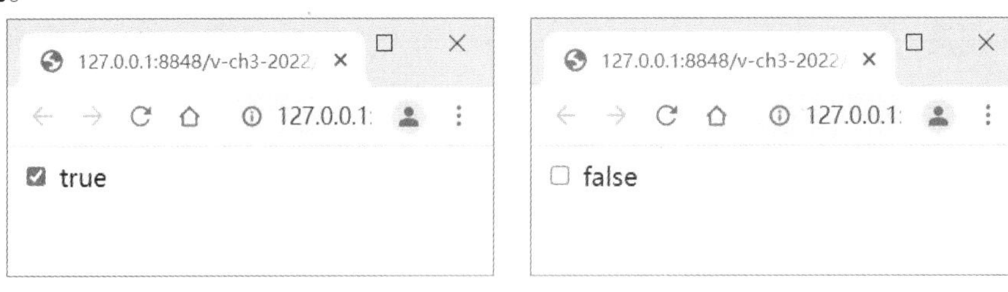

(a) 初始运行效果　　(b) 取消复选框选中后的运行效果

图 4-5　v-model 指令与复选框

新建 Vue 项目，在 HTML 文件中编写如下代码。

```
<div id="app">
    <input type="checkbox" v-model="checked">
    <label>{{ checked }}</label>
</div>
<script>
    const App  =  {
            data()  {
                return  {
                    checked:   true
                }
            }
        };
   Vue.createApp(App).mount('#app');
</script>
```

例 4-3 说明 Vue 实例对数据的修改能够被页面元素接收到，例 4-4 说明页面视图对数据的修改能够被 Vue 实例接收到，所以，v-model 指令进行的是一种页面视图和 Vue 实例的双向数据绑定。

【例 4-5】 用 v-model 指令为多个复选框绑定数据，程序运行效果如图 4-6 所示。图 4-6（a）所示为程序初始运行效果，图 4-6（b）所示为选中复选框后的运行效果，选中选项的显示顺序与选择复选框的顺序相关。

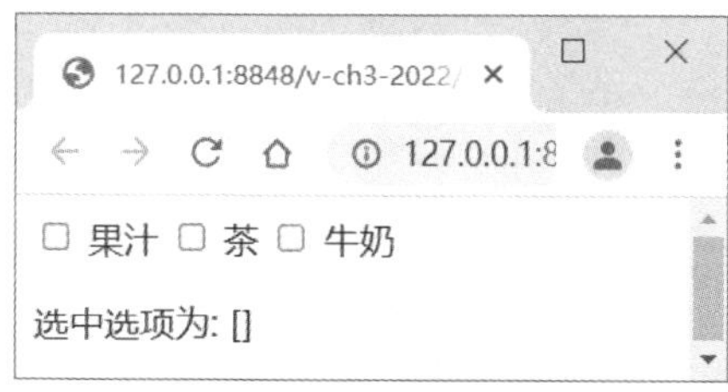

(a) 初始运行效果

(b) 选中复选框后的运行效果

图 4-6 v-model 指令与多个复选框

新建 Vue 项目，在 HTML 文件中编写如下代码。

```
<div id="app">
    <input type="checkbox" value="果汁" v-model="checkedNames"> 果汁
    <input type="checkbox" value="茶" v-model="checkedNames"> 茶
    <input type="checkbox" value="牛奶" v-model="checkedNames"> 牛奶
    <p>选中选项为: {{ checkedNames }}</p>
</div>
<script>
    const App = {
                data() {
                    return {
                        checkedNames: []
                    }
                }
            };
    Vue.createApp(App).mount('#app');
</script>
```

【例 4-6】 用 v-model 指令为单选按钮绑定数据，程序运行效果如图 4-7 所示。图 4-7（a）所示为程序初始运行效果，图 4-7（b）所示为选中单选按钮后的运行效果。

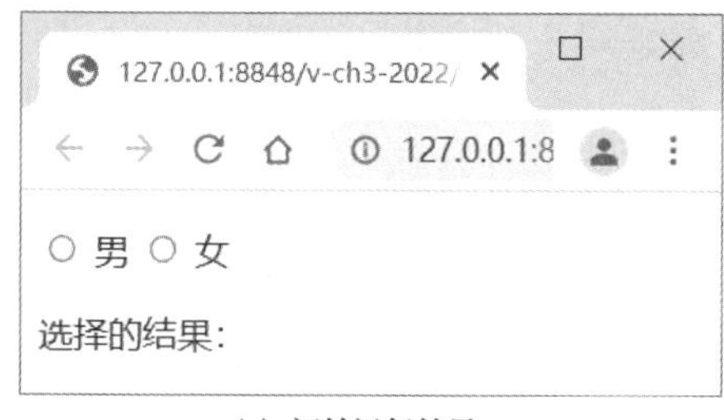

(a) 初始运行效果

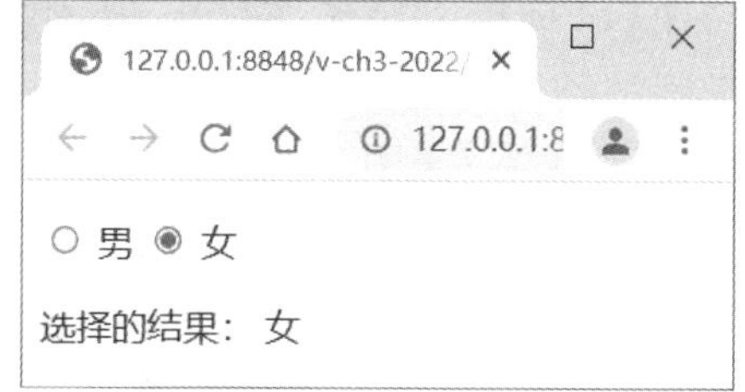

(b) 选中单选按钮后的运行效果

图 4-7 v-model 指令与单选按钮

新建 Vue 项目，在 HTML 文件中编写如下代码。

```
<div id="app">
    <p>
        <input type="radio" value="男" v-model="picked"> 男
        <input type="radio" value="女" v-model="picked"> 女
    </p>
    <p><span>选择的结果： {{ picked }}</span></p>
</div>
<script>
    const App = {
                data() {
                    return {
                        picked: ''
                    }
                }
            };
    Vue.createApp(App).mount('#app');
</script>
```

2. 绑定添加修饰符

还可以为绑定指令添加修饰符，修饰符含义说明如下。

① .lazy：默认情况下 v-model 指令每次在 input 事件触发后将输入框的值与 Vue 实例数据进行同步，添加.lazy 修饰符后，会转为在 change 事件之后进行同步。

② .number：如果可以转换，就将输入的字符串转换为有效的数字。

③ .trim：过滤掉输入字符串的首尾空格。

【例 4-7】 修改例 4-3，使用修饰符确保去掉用户名首尾空格。

为用户名输入框数据绑定添加修饰符，代码如下。

```
用户名：<input v-model.trim="vname"/>
```

4.1.4 条件渲染指令

1. v-if 指令与 v-else 指令

v-if 指令用于对 Dom 元素进行条件渲染，Dom 元素只在指令的表达式返回值为“true”的时候被渲染。还可以用 v-else 指令添加一个“else 块”，当指令的表达式返回值为“false”的时候渲染“else 块”。

【例 4-8】 使用 v-if 指令与 v-else 指令提醒用户接受许可协议，程序运行效果如图 4-8 所示，图 4-8（a）所示为没有选中“接受许可协议”复选框的效果，提示用户还没有接受许可协议，图 4-8（b）所示为选中“接受许可协议”复选框的效果，允许用户进行注册。

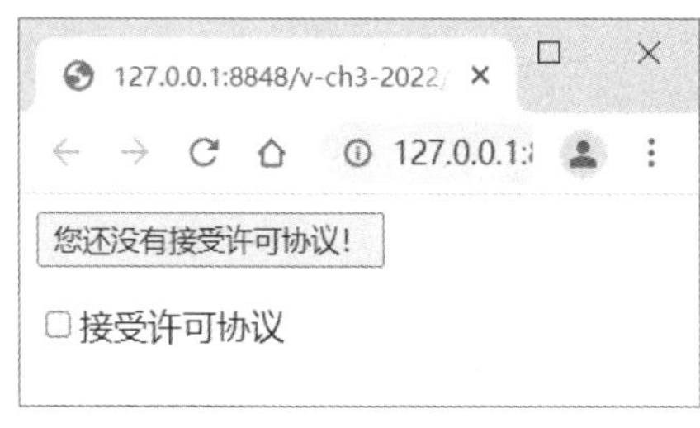

(a) 未接受许可协议的效果

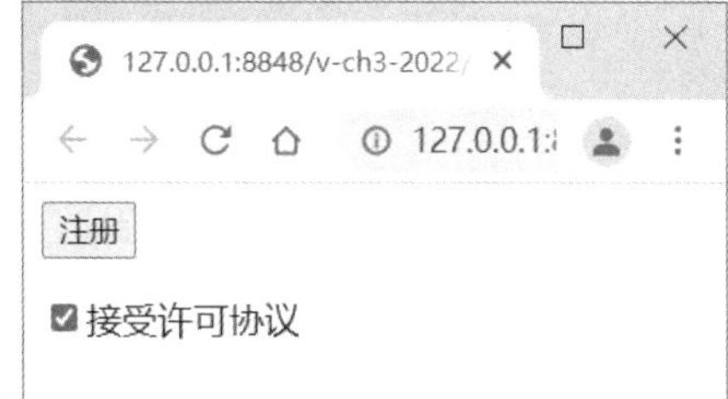

(b) 接受许可协议的效果

图 4-8 v-if 与 v-else 指令

新建 Vue 项目，在 HTML 文件中编写如下代码。

```
<div id="app">
    <button v-if="vaccept">注册</button>
    <button v-else>您还没有接受许可协议! </button>
    <p><input type="checkbox" v-model="vaccept" />接受许可协议</p>
</div>
<script>
    const App = {
                data() {
                    return  {
                        vaccept: false
                    }
                }
            };
     Vue.createApp(App).mount('#app');
</script>
```

2. v-else-if 指令

Vue 2.1.0 新增了 v-else-if 指令，该指令充当 v-if 指令的“else-if 块”，可以连续使用。

【例 4-9】 使用 v-else-if 指令将百分制成绩转换为五级等级制成绩显示，转换前使用修饰符将用户输入的内容转换为数字，程序运行效果如图 4-9 所示。

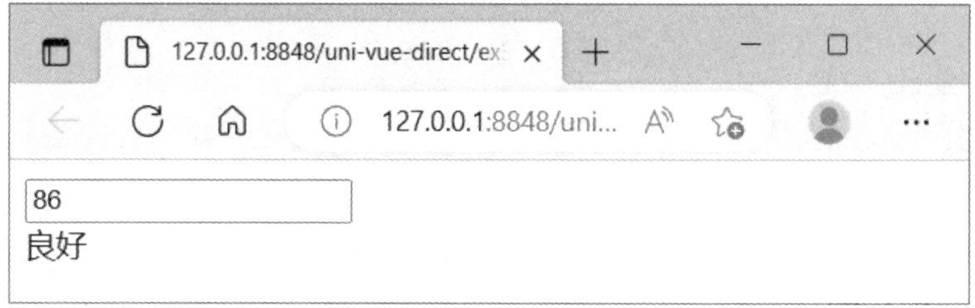

图 4-9 v-else-if 指令

新建 Vue 项目，在 HTML 文件中编写如下代码。

```
<body>
    <div id="app">
        <input v-model.number='grade' />
```

```
        <div v-if='grade >=90'>优秀</div>
        <div v-else-if='grade>=80'>良好</div>
        <div v-else-if='grade>=70'>中等</div>
        <div v-else-if='grade>=60'>及格</div>
        <div v-else>不及格</div>
    </div>
    <script>
        const App = {
                    data() {
                        return {
                            grade: '86'
                        }
                    }
                };
         Vue.createApp(App).mount('#app');
    </script>
</body>
```

3. v-show 指令

v-show 指令也可以用于根据条件显示元素，与 v-if 指令不同的是 v-show 指令只是用于简单地切换元素的 display 属性，以便元素在视图中显示或隐藏，但是，在 DOM 中始终保留元素的渲染。

v-show 指令不支持 template 元素，也不支持 v-else 指令。

【例 4-10】 使用 v-show 指令控制“注册”按钮的显示与隐藏，程序运行效果如图 4-10 所示，图 4-10（a）所示为未选中“接受许可协议”复选框的显示效果，图 4-10（b）所示为选中“接受许可协议”复选框的显示效果。

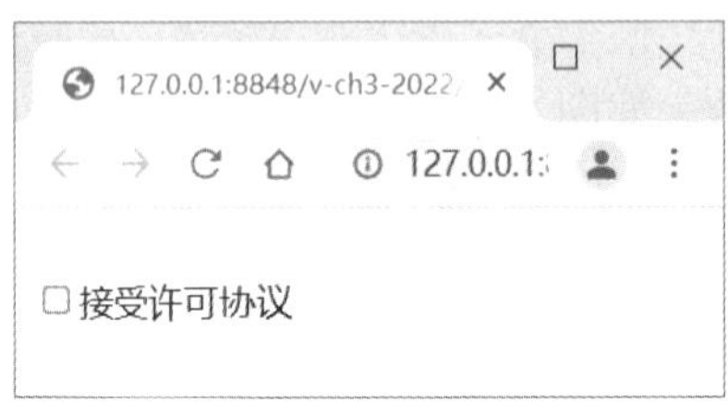

(a) 未接受许可协议的显示效果

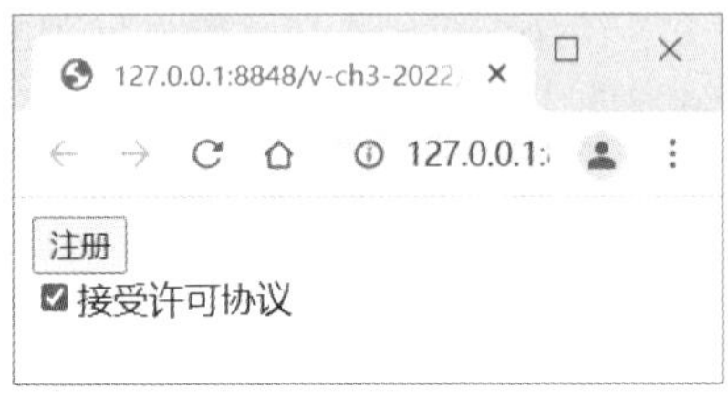

(b) 接受许可协议的显示效果

图 4-10　v-show 指令

新建 Vue 项目，在 HTML 文件中编写如下代码。

```
<div id="app">
    <button v-show="vaccept" >注册</button> <br>
    <input type="checkbox" v-model="vaccept" />接受许可协议
</div>
<!--脚本代码同例 4-8，略-->
```

【任务实现】

1. 任务设计

① 使用 v-model 指令对用户名和密码输入进行双向数据绑定。

② 使用 v-model 指令对复选框进行双向数据绑定，结合 v-show 指令控制“注册”按钮的显示与隐藏。

③ 用简单判断语句判断用户名和密码是否已输入，如果已输入，就用文本绑定显示欢迎信息，如果未输入，就用文本绑定给出提示信息。

2. 任务实施

新建 Vue 项目，在 HTML 文件中编写如下代码。

```
<!DOCTYPE html>
<html>
    <head>
        <meta charset="utf-8">
        <title></title>
        <script src="js/v3.2.8/vue.global.prod.js"></script>
    </head>
    <body>
        <div id="app">
            用户名：<input v-model="vname" /><br>
            密码：<input v-model="vpass" /><br>
            <button @click="register" v-show="vaccept">注册</button> <br>
            <input type="checkbox" v-model="vaccept" />请接受许可协议
            <p style="color: red;" v-text="msg"></p>
        </div>
        <script>
            const App = {
                                data() {
                                    return {
                                        vname: '',
                                        vpass: '',
                                        vaccept: false,
                                        msg: ''
                                    }
                                },
                                methods: {
                                    register() {
                                        //判断用户名和密码是否为空
                                        if (this.vname != "" && this.vpass != "")
                                            this.msg = '注册成功，欢迎' + this.vname;
                                        else
                                            this.msg = '用户名和密码不能为空！';
```

```
                    }
                }
            };
        Vue.createApp(App).mount('#app');
    </script>
</body>
</html>
```

任务 4.2 设计图像浏览程序

微课 4-2 设计图像浏览程序

使用属性绑定设计一个图 4-11 所示的图像浏览程序，图 4-11（a）所示为程序初始运行效果，显示“水浒传”图书的大图模式。通过图书选择按钮选择待显示的图书，通过图像模式选择按钮选择图像的显示模式，图 4-11（b）所示为三国演义图书的小图模式。

（a）初始运行效果

（b）小图模式显示“三国演义”图书

图 4-11　图像浏览程序

4.2.1 v-bind 指令

v-bind 指令用于动态地为元素的一个或多个属性绑定值，与 v-model 指令不同，v-bind 指令用于单向数据绑定，绑定语法格式如下。

```
v-bind: attribute=any
```

v-bind 指令用于对任意属性进行绑定，绑定值可以取任意合法表达式或对象。v-bind 指令也可以省略不写，直接以冒号（:）开头，紧跟属性名。

【例 4-11】　使用 v-bind 指令绑定并显示图 4-12 所示的图文信息。

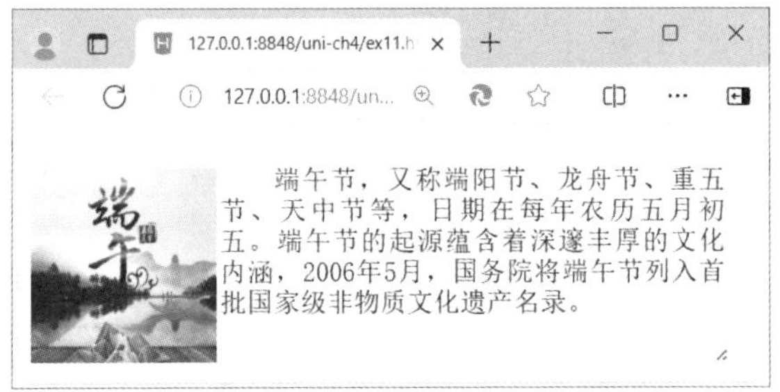

图 4-12　使用 v-bind 指令绑定并显示图文信息

新建 Vue 项目，在 img 目录下准备“端午节.png”图像资源，在 HTML 文件中编写代码如下。

```
<html>
    <head>
        <meta charset="utf-8">
        <title></title>
        <script src="js/v3.2.8/vue.global.prod.js"></script>
        <style>
            /* 设置图像格式 */
            img {
                width: 120px;
                height: 120px;
            }

            /* 设置文本域格式 */
            textarea {
                margin-top: 15px;
                width: 320px;
                height: 120px;
                font-size: 1.3em;
                border: none;
                text-indent: 2em;
                text-align: justify;
            }
        </style>
    </head>
    <body>
        <div id="app">
            <img v-bind:src="imgsrc">
            <textarea v-bind:value="content"></textarea>
        </div>
        <script>
            const App = {
                            data() {
                                return {
                                    imgsrc: 'img/端午节.png',
                                    content: '端午节，又称端阳节、龙舟节、重五节……'
                                }
                            }
                        };
             Vue.createApp(App).mount('#app');
        </script>
    </body>
</html>
```

例 4-11 中的 v-bind 指令也可以省略不写，省略后相关页面视图代码如下，程序运行效果不变。

```
<div id="app">
    <img :src="imageSrc">
    <textarea :value="content"></textarea>
</div>
```

【例 4-12】 修改例 4-4，将复选框数据绑定改为 v-bind 单向数据绑定，程序运行效果如图 4-13 所示。

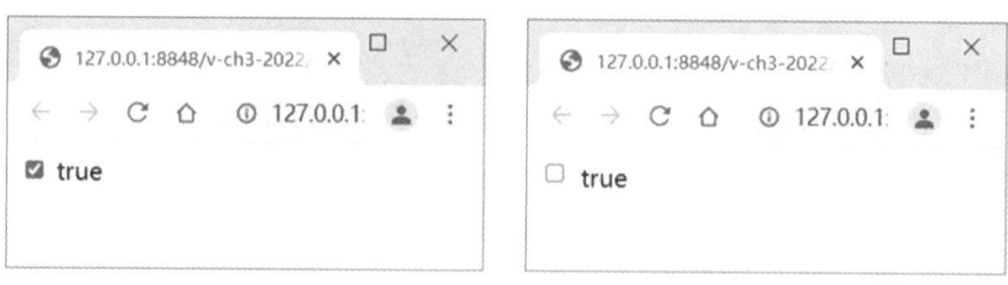

(a) 初始运行效果　　(b) 取消复选框选中后的运行效果

图 4-13　v-bind 单向数据绑定

input 元素的代码修改如下。

```
<input type="checkbox" v-bind:checked="checked" >
```

由运行效果可见，页面元素与 Vue 实例是单向数据绑定的，修改页面元素不能同步到 Vue 实例，这就是 v-bind 指令与 v-model 指令的区别，应根据应用场景需要选择使用 v-bind 指令或 v-model 指令。

4.2.2　绑定 style 属性

1. 基本用法

使用 v-bind 指令绑定 style 属性可以为元素动态设置样式。

【例 4-13】 使用 v-bind 指令为元素绑定 style 属性，结合数据的双向绑定实现 div 元素大小的动态设置，程序运行效果如图 4-14 所示，图 4-14（a）所示为初始运行效果，图 4-14（b）所示为改变大小设置后的运行效果。

(a) 初始运行效果　　(b) 改变大小设置后的运行效果

图 4-14　初始运行效果和改变大小设置后的运行效果

新建 Vue 项目，在 HTML 文件中编写代码如下。

```
<body>
    <div id="app">
        <p>宽度：<input v-model='w'></p>
        <p>高度：<input v-model='h'></p>
        <div v-bind:style="{width:w,height:h,'background-color':c}"></div>
    </div>
    <script>
        const App = {
                    data() {
                        return {
                            w: '100%',
                            h: '100px',
                            c: 'blue',
                        }
                    }
                };
         Vue.createApp(App).mount('#app');
    </script>
</body>
```

绑定表达式不支持短横线“-”，如果背景颜色样式属性包含短横线，需要用引号将包含短横线的属性引起来，或者改用驼峰命名法写为“backgroundColor”，修改后代码为<div v-bind:style="{width:w, height:h,backgroundColor:c}"></div>。

2. 绑定对象与数组

使用表达式拼接字符串绑定 style 属性比较麻烦，而且很容易出错。因此，在用 v-bind 指令绑定 style 属性时，Vue 做了专门的增强，表达式类型除字符串之外，还可以是对象或数组。

对象的属性名必须是有效的元素样式属性名，且应使用驼峰命名法或用引号将包含短横线分隔的属性名引起来。

【例 4-14】 修改例 4-13，将内联样式绑定修改为对象绑定，使程序运行效果不变。

新建 Vue 项目，在 HTML 文件中编写如下代码。

```
<body>
    <div id="app">
        <p>宽度：<input v-model='divstyle.width'></p>
        <p>高度：<input v-model='divstyle.height'></p>
        <div v-bind:style="divstyle"></div>
    </div>
    <script>
        const App = {
                    data() {
                        return {
                            divstyle: {
                                width: '100%',
                                height: '100px',
                                backgroundColor: 'blue'
```

```
                    }
                }
            }
        };
        Vue.createApp(App).mount('#app');
    </script>
</body>
```

【例 4-15】 修改例 4-13，将内联样式绑定修改为数组绑定，使程序运行效果不变。

新建 Vue 项目，在 HTML 文件中编写如下代码。

```
<body>
    <div id="app">
        <p>宽度：<input v-model='divwidth.width'></p>
        <p>高度：<input v-model='divheight.height'></p>
        <div v-bind:style="[divwidth,divheight,divcolor]"></div>
    </div>
    <script>
        const App = {
                        data() {
                            return {
                                // 宽度样式
                                divwidth: {
                                    width: '100%'
                                },
                                //高度样式
                                divheight: {
                                    height: '100px'
                                },
                                //背景颜色样式
                                divcolor: {
                                    backgroundColor: 'blue'
                                }

                            }
                        }
                    };
        Vue.createApp(App).mount('#app');
    </script>
</body>
```

4.2.3 绑定 class 属性

1. 基本用法

使用 v-bind 指令也可以为元素的 class 属性绑定值设置样式。

【例 4-16】 使用 v-bind 指令绑定元素的 class 属性，显示图 4-15 所示的 div 元素。

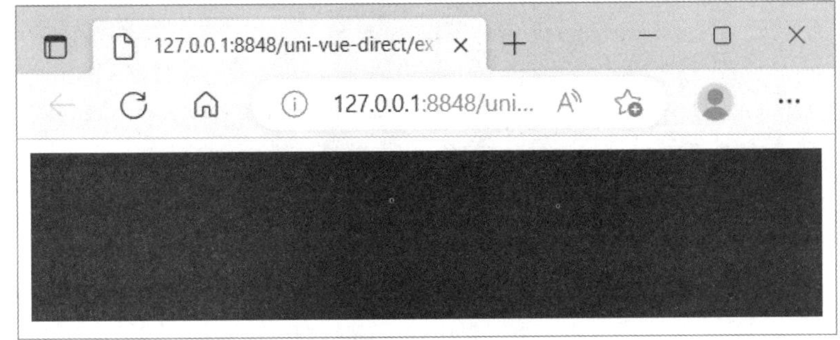

图 4-15 div 元素

新建 Vue 项目，在 HTML 文件中编写代码如下。

```
<html>
    <head>
        <meta charset="utf-8">
        <title></title>
        <script src="js/v3.2.8/vue.global.prod.js"></script>
        <style>
            /* 定义名为 box 的类样式 */
            .box{
                width: 100%;
                height: 100px;
                background-color: blue;
            }
        </style>
    </head>
    <body>
        <div id="app">
            <div v-bind:class="divclass">
        </div>
        <script>
            const App = {
                        data() {
                            return {
                                divclass: 'box'
                            }
                        }
                    };
             Vue.createApp(App).mount('#app');
        </script>
    </body>
</html>
```

【例 4-17】 使用 v-bind 指令绑定元素的 class 属性，结合数据的双向绑定实现样式的动态设置，程序运行效果如图 4-16 所示，图 4-16（a）所示为初始样式运行效果，图 4-16（b）所示为另外一种样式的运行效果。

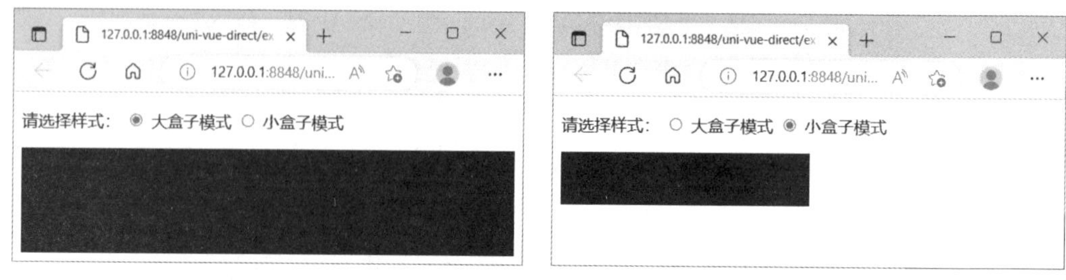

(a) 初始样式运行效果　　(b) 另外一种样式的运行效果

图 4-16　动态绑定 class 样式

新建 Vue 项目，在 HTML 文件中编写代码如下。

```
<html>
    <head>
        <meta charset="utf-8">
        <title></title>
        <script src="js/v3.2.8/vue.global.prod.js"></script>
        <style>
            /* 样式 1 */
            .box1{
                width: 100%;
                height: 100px;
                background-color: blue;
            }
            /* 样式 2 */
            .box2{
                width: 50%;
                height: 50px;
                background-color: blue;
            }
        </style>
    </head>
    <body>
        <div id="app">
            <p>
                请选择样式：
                <input type="radio" value="box1" v-model="picked">
                <label>大盒子模式</label>
                <input type="radio" value="box2" v-model="picked">
                <label>小盒子模式</label>
            </p>
            <div v-bind:class="picked">
        </div>
        <script>
            const App = {
                                data(){
```

```
                        return {
                            picked: 'box1'
                        }
                    }
                };
            Vue.createApp(App).mount('#app');
        </script>
    </body>
</html>
```

2. 绑定对象与数组

与 style 属性一样，元素的 class 属性也可以绑定对象或数组。

【例 4-18】 修改例 4-17，将类样式绑定修改为数组绑定，使程序运行效果不变。

新建 Vue 项目，在 HTML 文件中编写代码如下。

```
<html>
    <head>
        <meta charset="utf-8">
        <title></title>
        <script src="js/v3.2.8/vue.global.prod.js"></script>
        <style>
            /* 样式 1 */
            .box1 {
                width: 100%;
                height: 100px;
            }
            /* 样式 2 */
            .box2 {
                width: 50%;
                height: 50px;
            }
            /* 背景颜色设置 */
            .bcolor {
                background-color: blue;
            }
        </style>
    </head>
    <body>
        <div id="app">
            <p>
                请选择样式:
                <input type="radio" value="box1" v-model="picked">
                <label>大盒子模式</label>
                <input type="radio" value="box2" v-model="picked">
                <label>小盒子模式</label>
```

```
            </p>
            <div v-bind:class="[picked,pcolor]">
        </div>
        <script>
            const App = {
                            data() {
                                return {
                                    picked: 'box1',
                                    pcolor: 'bcolor'
                                }
                            }
                        };
            Vue.createApp(App).mount('#app');
        </script>
    </body>
</html>
```

【任务实现】

1. 任务设计

① 使用 v-model 指令对用户的选择进行双向数据绑定。

② 使用 v-bind 指令单向绑定图像的路径和样式属性，从而以动态样式显示用户选择的图像。

2. 任务实施

新建 Vue 项目，在 img 目录下准备名字为“水浒传”“红楼梦”“西游记”“三国演义”的 4 幅图像，在 HTML 文件中编写如下代码。

```
<!DOCTYPE html>
<html>
    <head>
        <meta charset="utf-8">
        <title>图书列表</title>
        <script src="js/v3.2.8/vue.global.prod.js"></script>
        <style>
            /* 设置弹性布局 */
            #content {
                display: flex;
            }
            /* 设置图书列表显示区域样式 */
            .left {
                flex: 1;
            }
            /* 设置图书图像显示区域样式 */
            .right {
                padding-left: 30px;
```

```
            flex: 2;
        }
        /* 小图模式 */
        .img1 {
            width: 150px;
            height: 150px;
        }
        /* 大图模式 */
        .img2 {
            width: 230px;
            height: 230px;
        }
    </style>
</head>
<body>
    <div id="app">
        <div id="content">
            <!-- 图书列表 -->
            <div class="left">
                <h4>请选择图书</h4>
                <input type="radio" :value="book[0].imgsrc"
                    v-model="picked" checked>
                <label>{{book[0].name}}</label><br><br>
                <input type="radio" :value="book[1].imgsrc" v-model="picked">
                <label>{{book[1].name}}</label><br><br>
                <input type="radio" :value="book[2].imgsrc" v-model="picked">
                <label>{{book[2].name}}</label><br><br>
                <input type="radio" :value="book[3].imgsrc" v-model="picked">
                <label>{{book[3].name}}</label>
            </div>
            <!-- 图书详情 -->
            <div class="right">
                <h4>请选择图像模式</h4>
                <input type="radio" value="img2" v-model="imgpicked" checked>
                <label>大图模式</label>
                <input type="radio" value="img1" v-model="imgpicked">
                <label>小图模式</label><br>
                <img :src='picked' :class="imgpicked">
            </div>
        </div>
    </div>
    <script>
        const App = {
                    data() {
```

```
                                return {
                                    imgpicked: 'img2',
                                    picked: 'img/水浒传.jpg',
                                    book: [{name: '水浒传',imgsrc: 'img/水浒传.jpg'},
                                    {name: '红楼梦', imgsrc: 'img/红楼梦.jpg'},
                                    {name: '西游记', imgsrc: 'img/西游记.jpg'},
                                    {name: '三国演义', imgsrc: 'img/三国演义.jpg'}]
                                }
                            }
                        };
                Vue.createApp(App).mount('#app');
            </script>
        </body>
</html>
```

任务 4.3　优化图像浏览程序

使用 v-for 指令优化任务 4.2 的实现，以简化代码，增加程序的扩展性。

4.3.1　v-for 指令

1. 基本用法

v-for 指令可以用于把数组元素渲染成列表并显示，使用“item in items”形式的语法，其中 items 表示源数据，item 表示当前被迭代的数据。

【例 4-19】　使用 v-for 指令显示数组的元素，程序运行效果如图 4-17 所示。

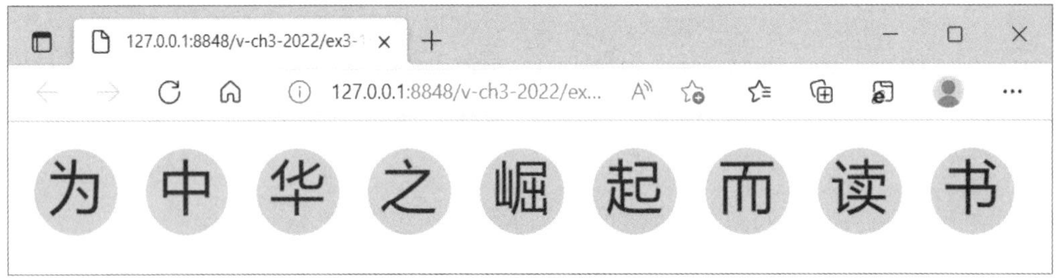

图 4-17　使用 v-for 指令显示数组的元素

新建 Vue 项目，在 HTML 文件中编写如下代码。

```
<html>
    <head>
        <meta charset="utf-8">
        <title></title>
        <script src="js/v3.2.8/vue.global.prod.js"></script>
        <style>
            /*设置文字的背景样式，增加显示的美观性*/
            span {
                display: inline-block;
```

```
                width: 60px;
                height: 60px;
                margin: 10px;
                font-size: 40px;
                border-radius: 30px;
                text-align: center;
                background-color: pink;
                line-height: 50px;
            }
        </style>
    </head>
    <body>
        <div id="app">
            <span v-for="item in nums">{{item}}</span>
        </div>
        <script>
            const App = {
                data() {
                    return {
                        nums: ['为','中','华','之','崛','起','而','读','书']
                    }
                }
            };
            Vue.createApp(App).mount('#app');
        </script>
    </body>
</html>
```

v-for 指令还支持对当前项的索引进行访问，使用“(item, index) in items”形式的语法规范，其中 items 表示源数据，item 表示当前被迭代的数据项，index 表示当前被迭代的数据项的索引。

【例 4-20】 用 v-for 指令显示一个带编号的图书名菜单，菜单项的数据存放在数组中，菜单项的编号为数据在数组中的索引值加 1，程序运行效果如图 4-18 所示。

图 4-18 使用 v-for 指令显示数组元素及其索引

新建 Vue 项目，在 HTML 文件中编写如下代码。

```
<html>
    <head>
```

```
        <meta charset="utf-8">
        <title>图书列表</title>
        <script src="js/v3.2.8/vue.global.prod.js"></script>
        <style>
            /*设计菜单项样式*/
            li {
                display: inline-block;
                width: 90px;
                margin: 2px;
                background-color: plum;
                text-align: center;
                padding: 5px;
                color: white;
            }
        </style>
    </head>
    <body>
        <div id="app">
            <ul>
                <li v-for="(item,index) in list">0{{index+1}}{{item}}</li>
            </ul>
        </div>
        <script>
            const App = {
                        data() {
                            return {
                                list: ['水浒传','西游记','红楼梦','三国演义','说岳全传']
                            }
                        }
                    };
            Vue.createApp(App).mount('#app');
        </script>
    </body>
</html>
```

2. v-for 嵌套

v-for 指令还可以实现嵌套，遵循 JavaScript for 循环嵌套的语法，在内层循环中可以使用外层循环的数据。

【例 4-21】 用 v-for 指令修改任务 3.2 的实现代码，实现同样的程序功能，程序运行效果如图 3-2 所示。

新建 Vue 项目，在 HTML 文件中编写代码如下。

```
<html>
    <head>
        <meta charset="utf-8">
        <title>图书列表</title>
```

```
    <script src="js/v3.2.8/vue.global.prod.js"></script>
    <style>
        /* 设置弹性布局 */
        .box {
            display: flex;
        }
        .content {
            flex: 1;
        }
    </style>
</head>
<body>
    <div id="app">
        <h3>{{press}}</h3>
        <div class="box">
            <!--外层 v-for-->
            <div v-for="(itemf,index) in list" class="content">
                <h4>{{itemf.type}}</h4>
                <ul>
                    <!--内层 v-for-->
                    <li v-for="(itemc,index) in itemf.name">{{itemc}}</li>
                </ul>
            </div>
        </div>
    </div>
    <script>
        const App = {
            data() {
                return {
                    press: '人民邮电出版社',
                    list: [{
                            "type": '文学',
                            "name": ['水浒传','西游记','红楼梦',
                                '三国演义','说岳全传']
                        },
                        {
                            "type": '计算机',
                            "name": ['C语言','Java','JavaScript','CSS', 'Vue']
                        }
                    ]
                }
            }
        };
        Vue.createApp(App).mount('#app');
```

```
        </script>
    </body>
</html>
```

以上代码中将 itemf 和 itemc 区分书写是为了使初学者理解方便，事实上 v-for 指令自己能够区分外层和内层循环，并不需要区分书写，嵌套循环代码按如下形式书写更为简洁。

```
    <!-- 外层 v-for -->
    <div v-for="(item,index) in list" class="content" >
        <h4>{{item.type}}</h4>
        <ul>
            <!-- 内层 v-for -->
            <li v-for="(item,index) in item.name">{{item}}</li>
        </ul>
    </div>
```

3. 访问对象

使用 v-for 指令还可以遍历显示对象的属性及其值，使用“(value,name) in object”形式的语法，其中 object 是源数据，value 表示当前被迭代的数据的值，name 表示当前被迭代的数据的属性名。

【例 4-22】 使用 v-for 指令显示文学类图书对象的属性及其值，程序运行效果如图 4-19 所示。

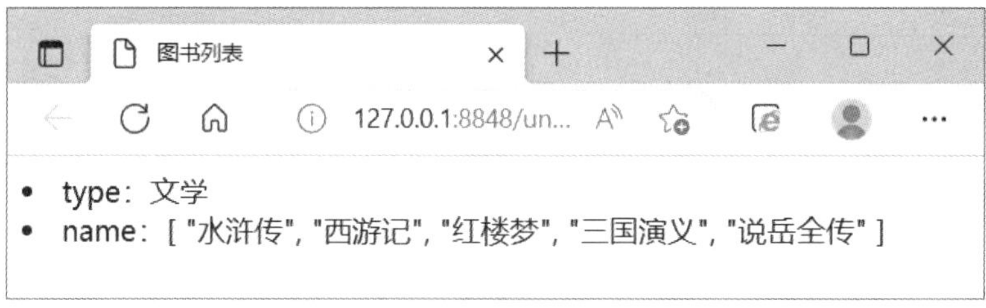

图 4-19　使用 v-for 指令显示对象

新建 Vue 项目，在 HTML 文件中编写代码如下。

```
    <body>
        <div id="app">
            <li v-for="(value,name) in list">
                {{name}}: {{value}}
            </li>
        </div>
        <script>
            const App = {
                            data() {
                                return {
                                    list: {
                                        type: '文学',
                                        name: ['水浒传','西游记','红楼梦',
```

```
                                    '三国演义','说岳全传']
                                }
                            }
                        }
                    };
        Vue.createApp(App).mount('#app');
    </script>
</body>
```

4.3.2 v-on 指令

1. 基本语法

Vue 使用 v-on 指令监听 DOM 事件，并在事件触发时运行 JavaScript 代码，如果代码的处理逻辑简单，可以直接将处理代码写在属性值中；如果代码的处理逻辑较为复杂，一般将代码组织为一个方法，将方法传递给 v-on 指令，方法中也可以包含参数。v-on 指令也可以简写为@（本书前面一直使用@定义 DOM 事件）。

【例 4-23】 使用 v-on 指令为按钮绑定一个单击事件，每次单击时计数加 1，程序运行效果如图 4-20 所示。

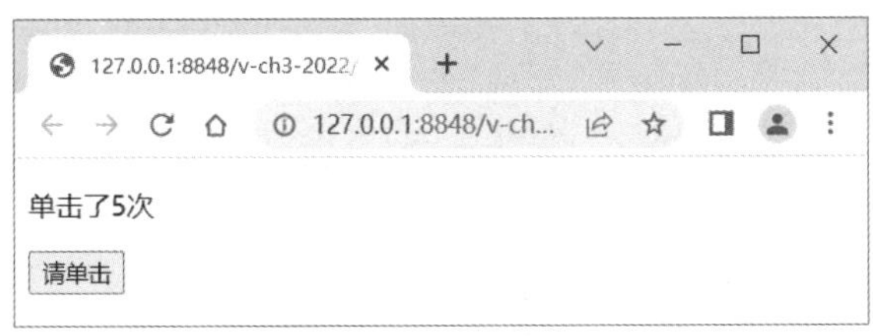

图 4-20 v-on 指令

新建 Vue 项目，在 HTML 文件中编写如下代码。

```
<div id="app">
    <p>单击了{{counter}}次</p>
    <button v-on:click="counter++">请单击</button>
</div>
<!--脚本代码使用项目自动生成的代码，略-->
```

【例 4-24】 修改例 4-23，将单击事件代码放在方法里，实现同样的程序运行效果。

新建 Vue 项目，在 HTML 文件中编写如下代码。

```
<div id="app">
    <p>单击了{{count}}次</p>
    <button v-on: click="btnclick">请单击</button>
</div>
<script>
    const App = {
                data() {
                    return {
                        counter: 0
```

```
                    }
                },
                methods: {
                    btnclick() {
                        this.counter++;
                    }
                }
            };
        Vue.createApp(App).mount('#app');
    </script>
```

【例 4-25】 修改例 4-24，给单击事件方法添加参数，使每次单击时计数增加指定的步长值。

新建 Vue 项目，在 HTML 文件中编写如下代码。

```
<div id="app">
    <p>单击了{{counter}}次</p>
    <button v-on:click="btnclick(5)">请单击</button>
</div>
<script>
    const App = {
            data() {
                return {
                    counter: 0
                }
            },
            methods: {
                btnclick (step) {
                    this.counter += step;
                }
            }
        };
    Vue.createApp(App).mount('#app');
</script>
```

v-on 指令还可以通过对象数据监听多个事件。

【例 4-26】 使用 v-on 指令为 input 元素添加 input 事件和 blur 事件，在事件响应时用 alert()函数输出提示信息。

新建 Vue 项目，在 HTML 文件中编写如下代码。

```
<body>
    <div id="app">
        <input v-on="{input:onInput,blur:onBlur}">
    </div>
    <script>
        const App = {
            data() {
                return {
```

```
                    onInput() {
                        alert("onInput")
                    },
                    onBlur() {
                        alert("onBlur")
                    }
                }
            }
        };
        Vue.createApp(App).mount('#app');
    </script>
</body>
```

2. v-on 指令修饰符

（1）事件修饰符

对 v-on 指令定义的事件还可以进一步使用事件修饰符进行限定，事件修饰符为使用点号开头的指令后缀，常用事件修饰符及其说明如表 4-1 所示。

表 4-1　常用事件修饰符及其说明

事件修饰符	说明
.stop	阻止事件冒泡
.prevent	阻止默认事件
.capture	事件捕获
.self	将事件绑定到元素本身，只有元素本身才能触发
.native	监听组件根元素的原生事件
.once	只触发一次事件
.passive	立即执行默认事件

【例 4-27】　修改例 4-25，将按钮元素修改为超链接元素 a，使用事件修饰符阻止超链接元素的默认跳转。

复制例 4-25，修改页面视图代码，具体如下。

```
<div id="app">
    <p>单击了{{count}}次</p>
    <!-- 阻止超链接元素的自动跳转 -->
    <a v-on:click.prevent="btnclick(5)"
       href="ex27.html">请单击</a>
</div>
```

事件修饰符还可以串联，但是串联的顺序非常重要。例如，v-on:click.prevent.self 会阻止所有的单击事件，而 v-on:click.self.prevent 只阻止对元素自身进行的单击事件。

【例 4-28】　修改例 4-27，通过事件修饰符串联实现仅在第一次单击时阻止超链接元素的默认跳转功能，调用单击事件方法。

复制例 4-27，修改页面视图代码，具体如下。

```
<div id="app">
    <p>单击了{{counter}}次</p>
    <!-- 仅阻止超链接元素的第一次跳转 -->
    <a v-on:click.once.prevent="btnclick(5)"
       href=" ex28.html ">请单击</a>
</div>
```

观察例 4-27 和例 4-28 运行效果，在例 4-27 中阻止了超链接元素的默认跳转，在例 4-28 中仅阻止了一次超链接元素的默认跳转，第二次单击时响应默认跳转。

（2）按键修饰符

在监听键盘事件时，经常需要确认具体的按键，Vue 允许 v-on 指令在监听键盘事件时添加按键修饰符，从而对按键进行确认，常用按键修饰符及其说明如表 4-2 所示。

表 4-2　常用按键修饰符及其说明

按键修饰符	说明
.left	单击鼠标左键时触发
.right	单击鼠标右键时触发
.middle	单击鼠标中键时触发
.enter	按下回车键触发

例如，以下代码表示按下回车键时调用 submit()方法。

```
<input v-on:keyup.enter="submit">
```

【任务实现】

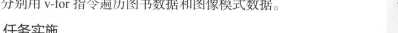

微课 4-3　优化图像浏览程序

1. 任务设计

① 将图像模式数据修改为数组数据。

② 分别用 v-for 指令遍历图书数据和图像模式数据。

2. 任务实施

① 复制任务 4.2 的代码，修改 HTML 文件中页面视图的代码，具体如下。

```
<body>
    <div id="app">
        <div id="content">
            <!-- 图书列表 -->
            <div class="left">
                <h4>请选择图书</h4>
                <div v-for='(item,index) in books'>
                    <input type="radio" :value="item.imgsrc" v-model="picked">
                    <label>{{item.name}}</label><br><br>
                </div>
```

```
            </div>
            <!-- 图书详情 -->
            <div class="right">
                <h4>请选择图像模式</h4>
                <span v-for='(item,index) in imgmodes'>
                    <input type="radio" :value="item.mode" v-model="imgpicked">
                    <label>{{item.name}}</label>
                </span><br>
                <img :src='picked' :class="imgpicked">
            </div>
        </div>
    </div>
</body>
```

② 在 Vue 根组件的数据选项中增加 imgmodes 数据，代码如下。

```
imgmodes: [{mode: 'img1',name: '小图模式'},
          {mode: 'img2',name: '大图模式'}]
```

模块小结

本模块介绍 Vue 指令的用法，指令是 Vue 响应式开发的重要内容，通过指令可以绑定数据、样式、事件等，尤其是使用指令可以实现数据的双向/单向绑定和遍历，应用非常灵活，极大地简化了编程，读者应熟练掌握指令的用法。

课后习题

1. 简述 v-show 指令和 v-if 指令的区别与联系。
2. 举例说明使用 v-model 指令进行双向数据绑定的方法。
3. 简述事件绑定的方法与事件修饰符的作用。
4. 举例说明 v-for 指令的用法。
5. 简述 class 属性与 style 属性绑定的区别与联系。
6. 简述使用 v-bind 指令和使用 v-model 进行绑定的区别与联系。
7. 下列关于 v-model 指令的说法，哪个是不正确的？（　　）

   A．v-model 指令能够实现双向数据绑定

   B．v-model 指令通过监听用户的输入更新数据

   C．v-model 指令是内置指令，不能使用在自定义组件上

   D．对 input 元素使用 v-model 指令本质上是指定其:value 和:input
8. 以下哪个指令能够实现列表渲染？（　　）

   A．v-for　　B．v-on　　C．v-if　　D．v-show
9. 以下哪个指令能够监听元素的事件？（　　）

   A．v-for　　B．v-on　　C．v-if　　D．v-show
10. 以下哪个不是 v-bind 指令的操作？（　　）

A．样式绑定　　B．属性绑定　　C．双向数据绑定　　D．文本绑定

11．以下哪个不是 v-on 指令的修饰符？（　　）

A．.stop　　B．.once　　C．.middle　　D．.center

课后实训

1．参考任务 4.1 设计一个图书信息录入程序，图书基本信息通过双向数据绑定动态输入，每单击一次“添加图书”按钮都会将一条图书信息写入数组。

2．完善任务 4.3，为任务添加显示图书详细信息的功能，单击“显示图书”按钮后将数组中保存的当前图书的详细信息用友好的格式显示出来，显示格式自行设计。

模块 5 Vue 组件

组件是 Vue 的核心，也是 uni-app 的核心，uni-app 采用单文件组件开发，本模块全面介绍 Vue 组件的知识，这些知识是开发真实前端项目的基础。

【学习目标】

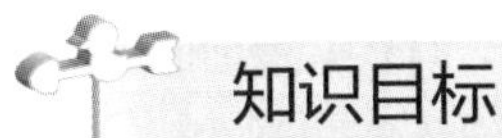

知识目标

- 掌握组件定义、注册的方法。
- 掌握父组件向子组件传递数据的方法。
- 掌握子组件向父组件传递数据的方法。

能力目标

- 具备设计与使用组件的能力。
- 具备在组件之间传递数据的能力。

素质目标

- 具有开发应用程序组件的素质。
- 具有关注用户体验的人文社会科学素养。

微课 5-1 设计购物车程序

任务 5.1 设计购物车程序

在电子商务系统中，购物车程序设计是一个非常重要的技术点，本任务设计一个自定义简单计数组件，并用于统计商品的购买数量，实现购物车功能。程序运行效果如图 5-1 所示，约定单件商品的购买数量最多为 5，根据业务逻辑购买数量不可能少于 0，单击“+”按钮数量增加，单击“-”按钮数量减少。

图 5-1　购物车程序

5.1.1　组件定义与注册

1. 组件定义

由 HTML 标签组成的元素就是一种 HTML 组件，是开发默认组件，HTML 页面是一棵嵌套的组件树。图 5-2（a）所示为一个 HTML 文件的结构，包含 3 个区域，每个区域又包含 1 个或多个元素，图 5-2（b）所示为文件对应的组件树，整个 HTML 文件是组件树的根组件（body 元素）。

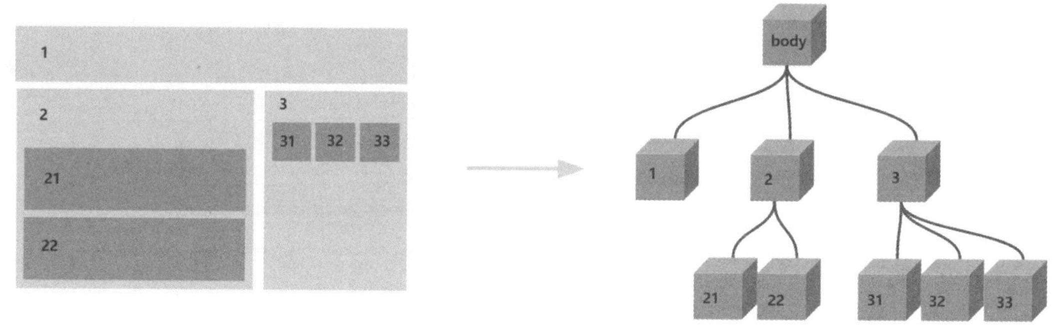

(a) HTML 文件的结构　　(b) 文件对应的组件树

图 5-2　HTML 文件与组件树的关系

除 HTML 默认组件（标签）外用户还可以自定义组件，实现组件的重用，提高程序开发效率。如本任务设计的计数器组件，它具有计数的功能，开发后通过重用可以用在不同的计数情况（如统计比赛分数等）下，提高程序开发效率。

与 HTML 默认组件一样，自定义组件也是包含视图和功能的一个封装对象。

2. 全局注册

自定义组件在使用前必须先注册，以便 Vue 能够识别，Vue 应用实例的 component()方法能够对组件进行全局注册。全局注册的组件可以用在其后的任何 Vue 根组件中，包括子组件的模板中。注册语法格式如下。

```
app.component('my-component-name', {
  // …… 选项 ……
})
```

其中，第 1 个参数 my-component-name 用于定义组件的名称，组件名称用引号引起来，可以使用短横线分隔命名法，也可以使用驼峰命名法。需要注意的是在 HTML 页面中标签名小写，所以不管哪种命名法，在 HTML 页面中使用时组件名都应该小写，使用驼峰命名法命名的组件名需转换为包含短横线的小写组件名。即组件名为“MyComponentName”的组件在 HTML 页面中使用时，组件名要统一改为包含短横线的组件名，形如“my-component-name”。

第 2 个参数用于定义组件，是一个包含若干选项的对象，选项同 Vue 根组件。

与 Vue 根组件不同的是，在全局注册组件的第 2 个参数中还应该定义组件的模板，即组件的视图，使用 template 选项进行定义，选项取值为引号引起来的单个 HTML 元素或 template 元素包围的元素集合。

【例 5-1】 使用组件设计一个简单计数器，程序运行效果如图 5-3 所示。

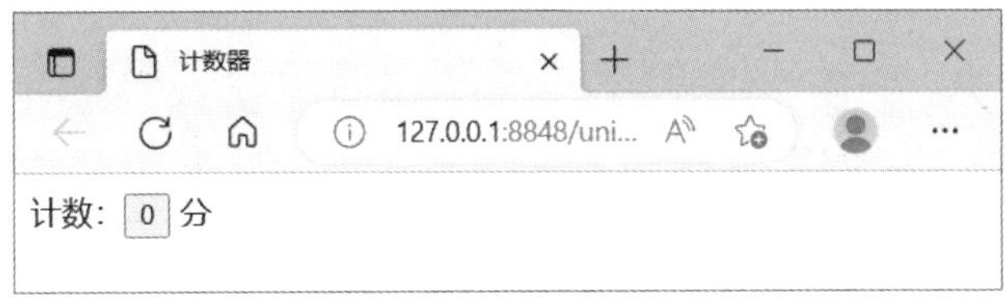

图 5-3 计数器

新建 Vue 项目，在 HTML 文件中编写如下代码。

```
<body>
    <div id="app">
        <!-- 使用组件 -->
        计数：<my-component></my-component> 分
    </div>
    <script>
        // 创建一个 Vue 应用实例
        const app = Vue.createApp({});
            // 全局注册组件
            app.component('my-component', {
                //定义组件数据
                data() {
                    return {
                        count: 0
                    }
                },
                //定义组件视图
                template: '<button v-on:click="count++">{{count}}</button>'
        });
        app.mount('#app');
    </script>
</body>
```

组件模板有多行HTML内容，一行放不下的时候，可以使用“\”拼接内容。

3. 局部注册

组件还可以先定义，后根据需要注册。其定义语法格式如下。

```
const MyComponentName={
  // …… 选项 ……
};
```

选项定义同全局注册组件的选项定义。

组件定义后在需要使用组件的 Vue 根组件中通过 components 选项进行注册，语法格式如下。

```
components: {
    component-name: MyComponentName,
    //其他组件
}
```

其中，参数 component-name 定义组件的名称，遵循全局注册的命名规范，使用短横线分隔命名法或驼峰命名法，参数 MyComponentName 为定义组件的对象。

【例 5-2】 修改例 5-1，对组件进行局部注册。

新建 Vue 项目，在 HTML 文件中编写如下代码。

```
<body>
    <div id="app">
        <!-- 遵循 HTML 规范，将采用驼峰命名法命名的组件改为使用短横线分隔命名法命
          名 -->
        计数：<my-component></my-component> 分
    </div>
    <script>
        //定义组件对象
        const localCom = {
            //定义组件数据
            data() {
                return {
                    count: 0
                }
            },
            //定义组件视图
            template: '<button v-on:click="count++">{{count}}</button>'
        };
        const App = {
            components: {
                //局部注册组件，组件使用驼峰命名法命名
                myComponent: localCom
```

```
            }
        };
        Vue.createApp(App).mount('#app');
    </script>
</body>
```

局部注册的组件仅在注册组件的实例关联的页面元素中可以使用。

【例 5-3】 修改例 5-2，将组件的方法定义在方法选项里。

复制例 5-2，修改组件对象定义，代码如下。

```
// 定义组件对象
const localCom = {
    // 定义组件数据
    data() {
        return {
            count: 0
        }
    },
    // 定义组件方法
    methods: {
        clicknum() {
            this.count++;
        }
    },
    // 定义组件视图
    template: '<button v-on:click="clicknum">{{count}}</button>'
}
```

5.1.2 组件模板

将引号引起来的 HTML 元素直接赋值给组件的 template 选项，这样不仅书写不方便，而且还因为没有开发环境的支持很容易出错。因此，组件开发中往往先使用 template 元素定义组件的视图，然后在组件的 template 选项中通过 CSS 选择器来选择组件视图。使用 template 选项定义的组件视图称为组件模板。

【例 5-4】 修改例 5-3，使用组件模板定义组件的视图。

① 复制例 5-3，修改页面视图，代码如下。

```
<body>
    <div id="app">
        计数：<my-component></my-component>分
    </div>
    <!--定义组件模板 -->
    <template id="counttemp">
        <button v-on:click="clicknum">{{count}}</button>
    </template>
```

```
    </body>
```

② 修改组件定义的 template 选项，代码如下。

```
template:"#counttemp"
```

5.1.3 选项作用域

由组件定义可知，组件本质上是一个 JavaScript 对象，对象具有封装性，组件也不例外，在组件中定义的选项作用域是组件及其关联的视图，相对于组件外部具有封装性。以数据选项为例，由于组件之间互不干扰，可以在不同组件内部定义同名的数据对象。

【例 5-5】 修改例 5-4，在 Vue 根组件和自定义组件中定义一个同名数据 msg，查看程序的运行效果。

新建 Vue 项目，在 HTML 文件中编写如下代码。

```
    <body>
        <div id="app">
            <!—Vue 根组件数据 -->
            {{msg}}
            <my-component></my-component>
        </div>
        <template id="counttemp">
            <!-- span 元素充当组件的容器 -->
            <span>
                <button v-on:click="clicknum">
                    {{count}}
                </button>
                <!-- 自定义组件数据 -->
                {{msg}}
            </span>
        </template>
        <script>
            const localCom = {
                            //定义组件数据
                            data() {
                                return{
                                    count: 0,
                                    //定义一个与 Vue 根组件同名的数据
                                    msg: '分'
                                }
                            },
                            methods: {
                                clicknum() {
                            this.count++;
                                }
                            },
                            //定义组件视图
```

```
            template: '#counttemp'
        };
        const App = {
            data() {
                return {
                    //定义一个与自定义组件同名的数据
                    msg: '计数：'
                }
            },
            components: {
                myComponent: localCom
            }
        };
        Vue.createApp(App).mount('#app');
    </script>
</body>
```

程序运行效果同图 5-3，由运行效果可见，自定义组件和 Vue 根组件中的数据互不干扰，各自显示了自己定义的 msg 数据。

Vue 2.0 及以下版本的每个组件模板只能有一个根元素，如果组件视图包含多个没有嵌套关系的 HTML 元素，需要用唯一的 HTML 元素包裹其他元素，本例中将 button 元素和文本包裹在 span 元素里。Vue 3.0 不再有上述要求，本例基于 Vue 3.0，所以，也可以去掉 span 元素。

5.1.4 组件的生命周期

组件也有生命周期钩子函数，含义与 Vue 实例生命周期钩子函数一样，会依次被触发。

【例 5-6】 为例 5-5 的组件和 Vue 根组件分别添加生命周期钩子函数，查看程序运行效果，如图 5-4 所示。

添加自定义组件的生命周期钩子函数，代码如下。

```
    created: function() {
        console.log('自定义组件的 created()函数')
    },
    mounted: function() {
        console.log('自定义组件的 mounted()函数')
    },
    deactivated: function() {
        console.log('自定义组件的 deactivated ()函数' )
    },
    updated: function() {
        console.log('自定义组件的 updated()函数' )
    }
```

Vue 根组件中生命周期钩子函数的定义与自定义组件的类似，代码请参见本书资源。

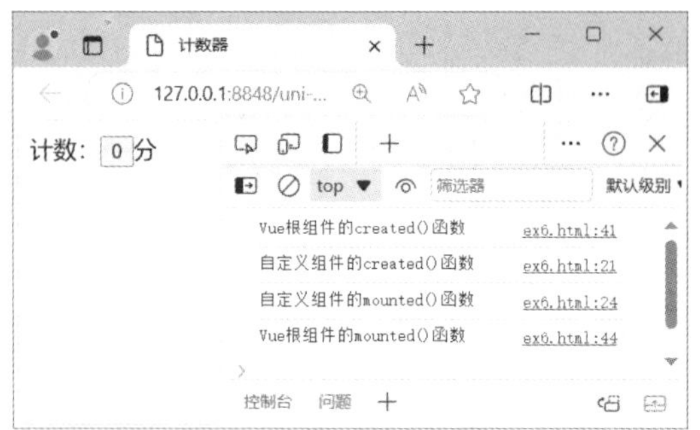

图 5-4　组件生命周期

由程序运行效果可见，首先执行 Vue 根组件的 created()函数，然后执行自定义组件的 created()函数，接下来依次执行自定义组件的生命周期钩子函数和 Vue 根组件的生命周期钩子函数。

【任务实现】

1. 任务设计

① 计数组件有两个按钮，分别用于计数增加和减少。本任务用一个变量作为计数器。

② 在页面中使用计数组件统计每一个商品的购买数量。

2. 任务实施

新建 Vue 项目，在 HTML 文件中编写如下代码。

```
<html>
    <head>
        <meta charset="UTF-8">
        <title>计数器</title>
        <script src="js/v3.2.8/vue.global.prod.js"></script>
        <style>
            span {
                display: inline-block;
                width: 80px;
            }
        </style>
    </head>
    <body>
        <div id="app">
            <h3>请选择购买数量</h3>
            <div v-for='(item,index) in books'>
                <span>{{item}}</span>
                <my-component></my-component>本<br><br>
            </div>
        </div>
        <template id="counttemp">
            <span>
```

```
            <button v-on:click="add">+</button>
            {{count}}
            <button v-on:click="sub">-</button>
        </span>
    </template>
    <script>
        const myCom = {
            template: '#counttemp',
            data() {
                return {
                    count: 0
                }
            },
            methods: {
                add() {
                   //模拟业务逻辑中的限购 5 件
                   if (this.count < 5)
                       this.count++;
                },
                sub() {
                    //模拟业务逻辑中的不能少于 0 件
                    if (this.count > 0)
                        this.count--;
                }
            }
        };
        const App = {
            data() {
                return {
                    books: ['红楼梦','水浒传','三国演义','西游记']
                }
            },
            components: {
                myComponent: myCom
            }
        };
        Vue.createApp(App).mount('#app');
    </script>
  </body>
</html>
```

任务 5.2　设计搜索框组件

微课 5-2　设计搜索框组件

使用组件数据传递方法将待查询手机的品牌名称由父组件传到子组件内部，在子组件中显示查询到的手机详细信息。程序运行效果如图 5-5 所示。

5.2.1 props 选项

子组件能够通过 props 选项接收父组件传递的数据。在父组件中，定义“属性名/属性值”对，在子组件中，将 props 选项赋值为由父组件属性名组成的数组，props 选项即可接收数组中属性名定义的数据，通过属性名访问数据。如果父组件的属性取值为 v-bind 指令绑定的动态数据，props 选项还可以实现数据的动态传递。

图 5-5　搜索框组件

【例 5-7】　编写代码，由父组件通过 name 属性向子组件传递静态数据，程序运行效果如图 5-6 所示。

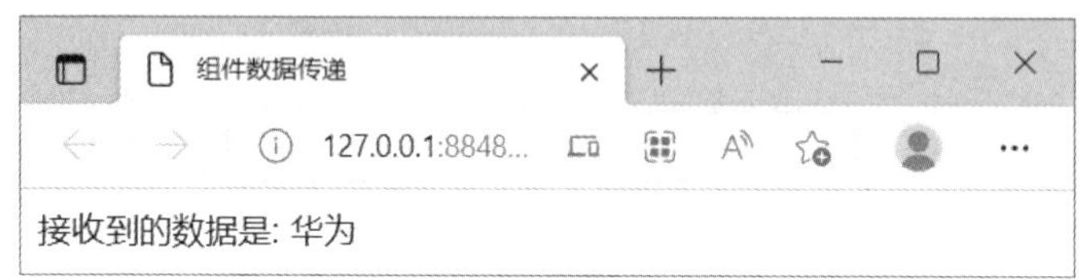

图 5-6　传递静态数据

新建 Vue 项目，在 HTML 文件中编写如下代码。

```
<body>
    <div id="app">
        <!-- 定义名为 name 的属性 -->
        <my-component name="华为"></my-component >
    </div>
    <template id="child">
        <!-- 通过属性名访问接收到的数据 -->
        <div>接收到的数据是: {{name}}</div>
    </template>
    <script>
        //定义组件对象
        const localCom = {
            props: ['name'],
            template: '#child'
        };
        const App = {
            components: {
                //局部注册组件
                'my-component': localCom
            }
        };
        Vue.createApp(App).mount('#app');
    </script>
</body>
```

由程序运行效果可见，子组件接收了父组件通过 name 属性传递的数据“华为”。

子组件一次可以接收多个值。

【例 5-8】 修改例 5-7，为父组件添加 type 属性，并同时通过 type 属性传递静态数据，程序运行效果如图 5-7 所示。

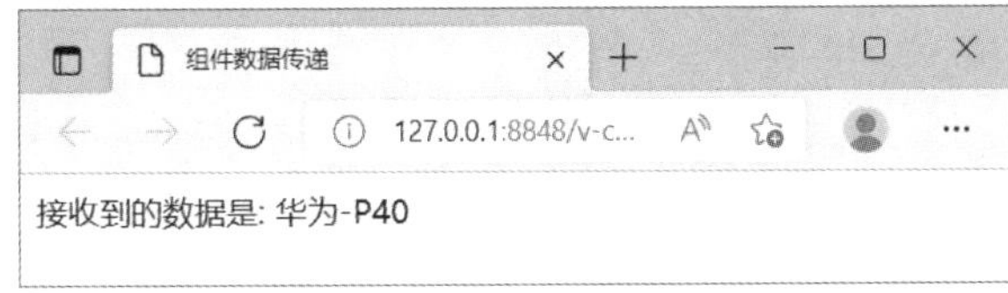

图 5-7 传递多个静态数据

① 复制例 5-7，修改页面视图，代码如下。

```
<body>
    <div id="app">
        <!-- 定义名为name 和 type 的属性 -->
        <my-component name="华为" type="P40"></my-component >
    </div>
    <template id="child">
        <!-- 通过属性名访问接收到的数据 -->
        <div>接收到的数据是：{{name}}-{{type}}</div>
    </template>
</body>
```

② 将子组件中 props 选项的值修改为['name', 'type']。

【例 5-9】 修改例 5-7，将待传递数据的属性用指令进行绑定，实现数据的动态传递，程序运行效果如图 5-8 所示，图 5-8（a）所示为初始运行效果，图 5-8（b）所示为输入 OPPO 的运行效果。

(a) 初始运行效果 (b) 输入 OPPO 的运行效果

图 5-8 动态传递数据到子组件

新建 Vue 项目，在 HTML 文件中编写如下代码。

```
<body>
    <div id="app">
        <p>输入一个名称：<input v-model="brand" /></p>
        <!-- 绑定被定义为 name 的属性-->
        <my-parent v-bind:name="brand"></my-parent>
    </div>
    <template id="child">
```

```
        <!-- 通过属性名访问接收到的数据 -->
        <div>接收到的数据是：{{name}}</div>
    </template>
    <script>
        //定义组件对象
            const localCom = {
                //指定接收的属性名
                props: ['name'],
                template: '#child'
            };
            const App = {
                data() {
                    return {
                        //定义双向绑定数据
                        brand: '华为'
                    }
                },
                components: {
                    //局部注册组件
                    'my-component': localCom
                }
            };
            Vue.createApp(App).mount('#app');
    </script>
</body>
```

5.2.2 插槽

1. 基本用法

父组件通过插槽向子组件分发内容，在子组件模板中定义一个 slot 插槽元素进行占位，就可以将父组件传递的数据显示在子组件插槽占位的位置。

【例 5-10】 使用插槽分发内容，程序运行效果如图 5-9 所示。

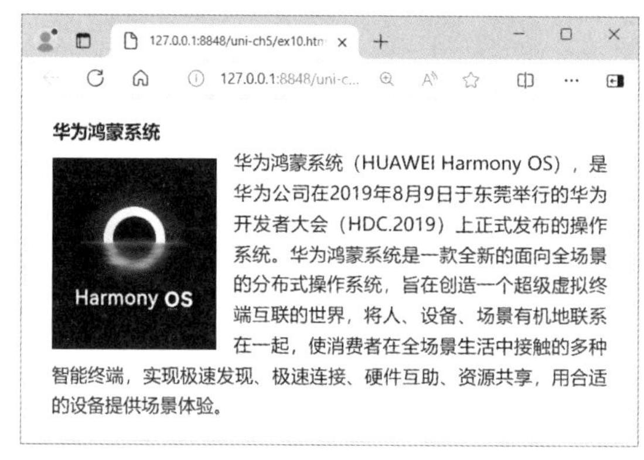

图 5-9 插槽分发内容

新建 Vue 项目，在 img 目录下准备“鸿蒙.jfif”图像资源，在 HTML 文件中编写如下代码。

```
<body>
    <div id="app">
        <my-component>
            <!--定义待传递的数据 -->
            <img src="img/鸿蒙.jfif"> {{msg}}
        </my-component>
    </div>
    <template id="child">
        <div>
            <strong>华为鸿蒙系统</strong><br>
            <!-- 通过插槽访问接收到的数据 -->
            <slot></slot>
        </div>
    </template>
    <script>
        // 定义组件对象
        const localCom = {
            template: '#child'
        };
        const App = {
            data() {
                return {
                    msg: '华为鸿蒙系统（HUAWEI Harmony OS），是……'
                }
            },
            components: {
                //局部注册组件
                'my-component': localCom
            }
        };
        Vue.createApp(App).mount('#app');
    </script>
</body>
```

元素样式请读者自行设计。

2. 插槽默认数据

还可以为插槽定义默认数据，当父组件没有传递数据时，在子组件显示插槽的默认数据。

【例 5-11】 修改例 5-10，使用默认值为插槽传递数据，实现与例 5-10 同样的运行效果。

复制例 5-10，仅修改 HTML 代码具体如下。

```
    <div id="app">
        <my-component></my-component>
    </div>
```

```
<template id="child">
    <div>
        <strong>华为鸿蒙系统</strong><br>
        <!-- 通过默认值为插槽传递数据 -->
        <slot>
            <img src="img/鸿蒙.jfif">
            华为鸿蒙系统（HUAWEI Harmony OS），是……
        </slot>
    </div>
</template>
```

3. 具名插槽

如果要传递多个数据，需要使用具名插槽。在子组件中通过 name 属性定义插槽的名字，在父组件中用 template 元素将待传递的数据包裹起来，并添加 v-slot 指令，通过该指令指定插槽的名字，实现数据的对应关系。

【例 5-12】 使用具名插槽传递 3 个数据给子组件并显示，程序运行效果如图 5-10 所示。

图 5-10　具名插槽传递数据

脚本代码设计同例 5-11，HTML 视图代码设计如下。

```
<div id="app">
    <my-component>
        <!-- 网页头部区域显示的信息 -->
        <template v-slot:header>
            <h2 style="text-align: center;">"共工号"造桥机</h2>
        </template>
        <!-- 网页内容区域显示的信息 -->
        <img src="img/造桥机.jfif">
        <p>"共工号"造桥机是世界首台桩梁一体智能造桥机……</p>
```

```
            <!-- 网页页脚区域显示的信息 -->
            <template v-slot:footer>
                <p style="text-align: right;">新闻网</p>
            </template>
        </my-component>
    </div>
    <template id="child">
        <div style="margin: 15px;">
            <!-- 网页头部 -->
            <header>
                <slot name="header"></slot>
            </header>
            <!-- 网页内容 -->
            <main>
                <slot></slot>
            </main>
            <!-- 网页页脚 -->
            <footer>
                <slot name="footer"></slot>
            </footer>
        </div>
    </template>
```

【任务实现】

1. 任务设计

① 在父组件设计一个输入框，该输入框用于输入待搜索的商品名称。

② 在子组件中定义商品数据数组，根据父组件传过来的商品名称用列表显示指定商品的详细信息。

2. 任务实施

新建 Vue 项目，在 HTML 文件中编写如下代码。

```
<body>
    <div id="app">
        <h3>手机信息搜索</h3>
        手机品牌：<input type="text" v-model="brand">
        <!--绑定被定义为 name 的属性-->
        <my-component v-bind:name="brand"></my-component>
    </div>
    <!--组件模板-->
    <template id="child">
        <ul>
            <li>手机品牌：{{show.brand}}</li>
```

```
            <li>手机型号：{{show.type}}</li>
            <li>市场价格：{{show.price}}</li>
        </ul>
    </template>
    <script>
        const localCom = {
            template: '#child',
            data() {
                return {
                    content: [{
                            brand: '华为',
                            type: 'Mate20',
                            price: 3699
                        },
                        //其他手机数据略
                    ],
                    show: {
                        brand: '',
                        type: '',
                        price: ''
                    }
                }
            },
            props: ['name'],
            watch: {
                name() {
                    //如果搜索框不为空，就进行搜索
                    if (this.name) {
                        //定义存放搜索项的临时变量
                        let found = false;
                        //使用箭头函数定义每一项的操作
                        this.content.forEach((value, index) => {
                            if (value.brand === this.name) {
                                //将搜索到的内容更新到搜索项变量
                                found = value;
                            }
                        })
                        //将搜索到的内容更新到显示项
                        this.show = found ? found : {
                            brand:'',
                            type: '',
                            price:''
                        }
                    }
```

```
                    //如果搜索框为空，直接返回
                    else {
                        return
                    }
                }
            }
        };
        const App = {
            data() {
                return {
                    brand: ''
                }
            },
            components: {
                //局部注册组件
                'my-component': localCom
            }
        };
        Vue.createApp(App).mount('#app');
    </script>
</body>
```

任务 5.3　设计订单生成程序

微课 5-3　设计订单生成程序

设计一个图 5-11 所示的订单生成程序，程序初始运行效果如图 5-11（a）所示，每种图书默认选择 1 本，用户对最终选择数量进行修改确认，然后单击“选好了”按钮对用户的选择进行计算，并给出提示信息，如图 5-11（b）所示。

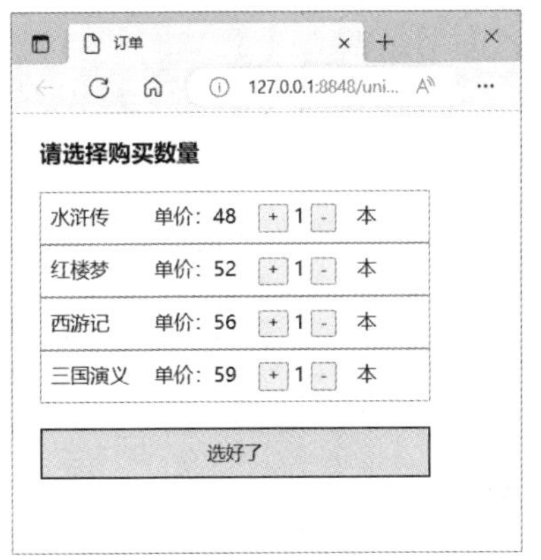

(a) 初始运行效果

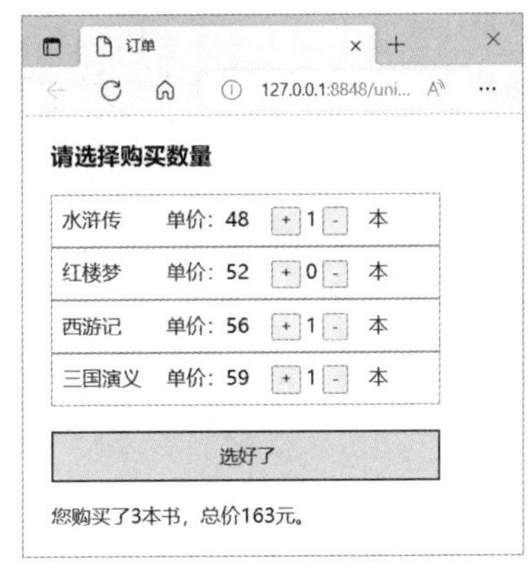

(b) 单击“选好了”按钮后的效果

图 5-11　订单生成程序

5.3.1　$emit()方法

子组件可以通过调用内建的$emit()方法触发父组件自定义事件，并传递数据给父组件。

子组件定义语法格式如下。

```
<sub-component v-on:eventname="$emit('fevent',params)"></sub-component >
```

其中，参数 fevent 用于定义子组件触发的父组件自定义事件名，参数 params 定义用于子组件向父组件传递的数据，数据可以是静态数据，也可以是绑定的动态数据。

父组件定义语法格式如下。

```
<father-component v-on:fevent ="eventname"></father-component >
```

其中，参数 fevent 用于定义自定义事件名，该事件由子组件通过内建$emit()方法触发，该参数与$emit()方法中的第一个参数同名，参数 eventname 用于定义事件响应的方法。

【例 5-13】 设计购物车计数子组件，在子组件中定义 input 输入框，并用 v-model 指令进行双向数据绑定，使用$emit()方法由子组件向父组件传递 input 输入框的数据，单击子组件的“确定”按钮后父组件将接收的数据动态显示出来，程序运行效果如图 5-12 所示。

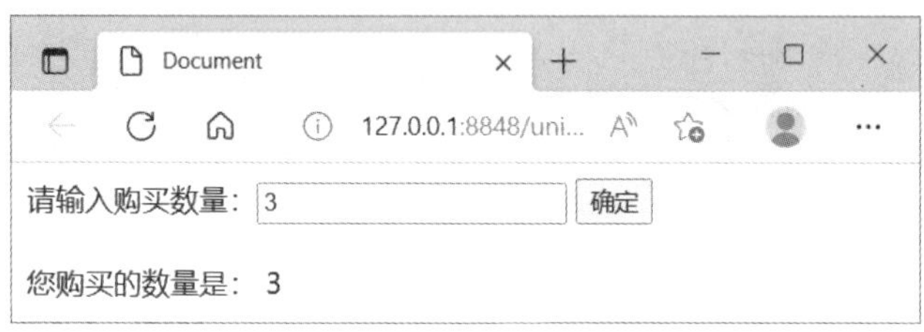

图 5-12　子组件传递数据到父组件

新建 Vue 项目，在 HTML 文件中编写如下代码。

```
<body>
    <div id="app">
        <!--包含自定义事件 onnum 的父组件-->
        <numcom v-on:onnum="numcal"></numcom><br>
        您购买的数量是：{{msg}}
    </div>
    <template id="tmpnumcom">
        <div>
            请输入购买数量：<input type="text" v-model="num">
            <!-- 在子组件按钮被单击时通过$emit()方法触发父组件自定义事件 onnum -->
            <button v-on:click="$emit('onnum', num)">确定</button>
        </div>
    </template>
    <script>
        //自定义组件对象
        const localCom = {
            template: '#tmpnumcom',
            data() {
                return {
                    num: 0
                }
```

```
                }
            };
            const App = {
                data() {
                    return {
                        msg: 0
                }},
                methods: {
                    //父组件自定义事件响应方法，参数为接收的子组件数据
                    numcal(value) {
                        this.msg = value
                    }
                },
                components: {
                    //局部注册组件
                    'numcom': localCom
                }
            };
            Vue.createApp(App).mount('#app');
        </script>
    </body>
```

在子组件属性值中直接调用$emit()方法是一种单语句方式，$emit()方法也可以写在子组件的事件响应方法里，实现更为复杂的逻辑。

【例 5-14】 设计一个用按钮改变购买数量的购物车计数组件，单击加号按钮数量增加，单击减号按钮数量减少，数量不能小于 0，不能大于 5，且被动态地传到父组件，程序运行效果如图 5-13 所示。

(a) 初始运行效果　　(b) 用户某个选择的运行效果

图 5-13 购物车计数组件

① 复制例 5-13，修改 HTML 页面视图，代码如下。

```
<body>
    <div id="app">
        <!--包含自定义事件 onnum 的父组件-->
        <numcom v-on:onnum="numcal"></numcom><br>
        您购买的数量是： {{msg}}
    </div>
    <template id="tmpnumcom">
```

```
        <div>
            请选择购买的数量：
            <button v-on:click="add">+</button>
            {{count}}
            <button v-on:click="sub">-</button>
        </div>
    </template>
</body>
```

② 修改自定义组件对象，代码如下。

```
    const localCom = {
        template: '#tmpnumcom',
        data() {
            return {
                count: 0
            }
        },
        methods: {
            add() {
                //数量不能大于 5
                if (this.count < 5)
                    this.count++;
                this.$emit('onnum', this.count);
            },
            sub() {
                //数量不能小于 0
                if (this.count > 0)
                    this.count--;
                this.$emit('onnum', this.count);
            }
        }
    };
```

5.3.2 动态组件

1. 组件切换

应用中经常需要在不同的组件之间进行动态切换，例如在用户管理过程中经常需要在用户登录和注册之间进行动态切换，这时就可以使用动态组件。Vue 使用 component 元素定义动态组件，定义语法格式如下。

```
<component v-bind:is="currentTabComponent"></component>
```

其中，currentTabComponent 是动态切换的组件名变量，is 属性通过绑定实现组件的动态切换。

HTML 元素是系统组件，使用 v-if 指令和 v-else 指令进行组件切换。

【例 5-15】 使用动态组件设计一个管理用户页面，单击“页面切换”按钮后，在登录组件和注册组件之间交替切换，程序运行效果如图 5-14 所示，图 5-14（a）和图 5-14（b）所示分别为组件切换后的两种显示。

(a) 初始运行效果　　(b) 单击“页面切换”按钮的效果

图 5-14 动态切换组件

新建 Vue 项目，在 HTML 文件中编写如下代码。

```
<body>
    <div id="app">
        <p><button @click="pagechange">页面切换</button></p>
        <component v-bind:is="currentComponent"></component>
    </div>
    <script>
        //自定义组件对象
        const loginCom = {
            template: '<div>登录页面</div>'
        };
        const registerCom = {
            template: '<div>注册页面</div>'
        };
        const App = {
            data() {
                return {
                    //组件名变量
                    currentComponent: 'login'
                }
            },
            methods: {
               pagechange() {
                    //每次单击后进行组件切换
                   if (this.currentComponent == "login") {
                       this.currentComponent = "register";
                    } else {
                       this.currentComponent = "login";
                    }
                }
            },
```

```
                components: {
                    //局部注册组件
                    'login': loginCom,
                    'register': registerCom
                }
            };
            Vue.createApp(App).mount('#app');
        </script>
    </body>
```

2. keep-alive 组件

使用 is 属性能够切换不同的组件，但是切换时组件的状态不会保存。如果希望组件切换时还能保存状态，以避免反复渲染导致的性能问题，可以使用 keep-alive 组件包裹动态组件，从而缓存不活动的组件实例。

keep-alive 是一个抽象组件，其自身不会被渲染成一个 DOM 元素，也不会出现在组件的父组件链中。当组件在 keep-alive 组件内被切换时，其 activated()和 deactivated()两个生命周期钩子函数会被对应执行。

keep-alive 组件作用于直属子组件切换的情形，对 v-for 指令不工作，即对多个条件性的子组件无效。

【任务实现】

1. 任务设计

① 参考例 5-14 自定义商品数量选择组件。

② 通过 props 选项将父组件当前数据的索引号传递给子组件。

③ 将子组件的计数值和接收到的父组件数据组成一个对象数据，然后传递给父组件，供 Vue 实例修改用户选择的图书数据使用。

④ 用户确认选择后，循环遍历图书购买的最终情况并输出。

2. 任务实施

新建 Vue 项目，在 HTML 文件中编写如下代码。

```
<!DOCTYPE html>
<html>
    <head>
        <meta charset="UTF-8">
        <title>订单</title>
        <script src="js/v3.2.8/vue.global.prod.js"></script>
        <style>
            span {
                display: inline-block;
                width: 80px;
            }
```

```
        .box {
            border: 1px solid gray;
            width: 300px;
            padding: 8px;
        }
        .btn {
            margin-top: 20px;
            width: 318px;
            height: 40px;
            background-color: gainsboro;
            font-size: 15px;
        }
        #app {
            margin-left: 15px;
        }
    </style>
</head>
<body>
    <div id="app">
        <h3>请选择购买数量</h3>
        <div v-for='(item,index) in books' class='box'>
            <span>{{item.name}}</span>
            <span>单价：{{item.price}}</span>
            <!-- 将数组索引的值用 index 属性名绑定后传递给子组件 -->
            <my-component v-on:onnum="numcal" :index='index'>
            </my-component>本
        </div>
        <button v-on:click='submit' class="btn">选好了</button>
        <p>{{msg}}</p>
    </div>
    <template id="counttemp">
        <span>
            <button v-on:click="add">+</button>
            {{count}}
            <button v-on:click="sub">-</button>
        </span>
    </template>
    <script>
        const localCom = {
                template: '#counttemp',
                props: ['index'], //父组件向子组件传递的数据
                data() {
                    return {
                        count: 1
                    }
```

```
        },
        methods: {
            add() {
                //模拟业务逻辑中的限购 5 件
                if (this.count < 5)
                    this.count++;
                //触发父组件事件并传递对象数据
                this.$emit('onnum', {
                    index: this.index,
                    count: this.count
                });
            },
            sub() {
                //模拟业务逻辑中的不能少于 0 件
                if (this.count > 0)
                    this.count--;
                this.$emit('onnum', {
                    index: this.index,
                    count: this.count
                });
            }
        }
    };
    const App = {
        data() {
            return {
                msg: '',
                //用户已经添加到购物车的图书
                books: [{name: '水浒传', price: 48, num: 1},
                    {name: '红楼梦', price: 52, num: 1},
                    {name: '西游记', price: 56, num: 1},
                    {name: '三国演义', price: 59, num: 1}
                ]
            }
        },
        methods: {
            //父组件事件响应方法，接收子组件数据
            numcal(value) {
                //使用子组件传递的数据修改图书数据
                this.books[value.index].num = value.count;
            },
            submit() { //汇总用户的购买情况
                let sum = 0,
                    num = 0;
```

```
                        for (let i = 0; i < this.books.length; i++) {
                            sum += this.books[i].price * this.books[i].num;
                            num += this.books[i].num;
                        }
                        this.msg = '您购买了' + num + '本书， ' + '总价' +
                              sum + '元。';
                    }
                },
                //局部注册组件
                components: {
                    myComponent: localCom
                }
            };
            Vue.createApp(App).mount('#app');
        </script>
    </body>
</html>
```

这里的图书数据数组是由用户已经添加到购物车的商品组成的，所以包含购买数量的属性。

模块小结

本模块介绍 Vue 的自定义组件，组件是 Vue 的核心，是 uni-app 项目开发的基础。用户自定义组件是组件，Vue 根组件是应用的根组件，所以读者应深刻理解组件的含义，熟练掌握组件的定义与用法。组件之间可以传递数据，父组件通过 props 选项和插槽向子组件传递数据，子组件通过调用内建的$emit()方法向父组件传递数据。自定义组件使用动态组件进行组件切换，使用 keep-alive 组件保存状态。

课后习题

1. 简述组件的定义格式。
2. 简述父组件向子组件传递数据的方法。
3. 简述子组件向父组件传递数据的方法。
4. 简述组件的注册方法。
5. 简述插槽的作用。
6. 如果想保留组件切换时的状态，可以将动态组件包裹在__________组件中。
7. 以下关于组件间传递数据的叙述，哪一个是错误的？（ ）
   A. 子组件使用 $emit ()方法可以给父组件传递数据
   B. 子组件使用 $emit('say')派发事件，父组件可使用 @say 监听事件
   C. 父组件通过 props 可以给子组件传递数据
   D. 父组件只能通过插槽给子组件传递数据

8．Vue 实例对象使用以下哪个属性获取子组件实例的对象？（　　）。

A．$parent　　B．$child　　C．$children　　D．$component

9．以下关于组件的描述，哪个是错误的？（　　）

A．根组件是一种特殊的组件

B．组件也有生命周期钩子函数

C．组件可以全局注册，也可以局部注册

D．一次只能注册一个组件

10．关于自定义组件生命周期的描述，以下哪个是错误的？（　　）

A．首先执行 Vue 根组件的 created()函数，然后是自定义组件的 created()函数

B．首先执行 Vue 根组件的 mounted()函数，然后是自定义组件的 mounted()函数

C．自定义组件生命周期钩子函数的含义与 Vue 根组件生命周期钩子函数的含义相同

D．在自定义组件生命周期钩子函数中可以初始化自定义组件

课后实训

1．设计一个实现用户登录功能的组件，并在页面中使用，实现用户登录的功能。

2．完善用户登录组件，将用户登录的信息由组件传递给用户登录页面，并显示出来。

3．参考例 5-13 和例 5-14，设计一个购物车计数组件。单击数字进入文本输入状态，单击“+”按钮与“-”按钮，对应数值加 1 或减 1。

模块 6 uni-app 编程

uni-app 项目开发属于框架式应用开发，遵循特有的编程规范，本模块介绍 uni-app 项目的基础知识与编程规范。

【学习目标】

知识目标

- 掌握 uni-app 项目创建与运行的方法。
- 掌握 uni-app 的编程规范。
- 掌握 Vue 页面生命周期钩子函数与页面通信事件，以及主要 uni API 的用法。
- 掌握 Vue 页面与 tabBar 的配置方法。

能力目标

- 具备创建与运行 uni-app 项目的能力。
- 具备编写规范 uni-app 项目的能力。
- 具备配置 Vue 页面的能力。
- 具备设计应用底部导航的能力。

素质目标

- 具备开发 uni-app 项目的素质。
- 具备团队协作意识。

任务 6.1 开发 uni-app 项目

创建一个名为 uni-ch6 的 uni-app 项目，为该项目添加一个 hello.vue 页面，在 hello.vue 页面中显示一行欢迎信息，用内置浏览器查看项目的运行效果，如图 6-1 所示。

图 6-1　自定义页面

6.1.1　搭建 uni-app 项目开发环境

1. 安装 Node.js

uni-app 需要 Node.js 的支持，因此，开发 uni-app 项目前首先需要安装 Node.js。从 Node.js 官网下载 Node.js 安装包，下载后直接运行即可安装，如图 6-2 所示。图 6-2（a）所示为初始运行页面，图 6-2（b）所示为开始安装页面。安装完成后通过 cmd 命令打开命令提示符窗口，输入“node -v”命令并执行，即可查看 Node.js 的版本，如果能够正确显示版本号，如图 6-2（c）所示，说明安装成功。本书案例使用的 Node.js 版本为 16.13.1。

（a）初始运行页面

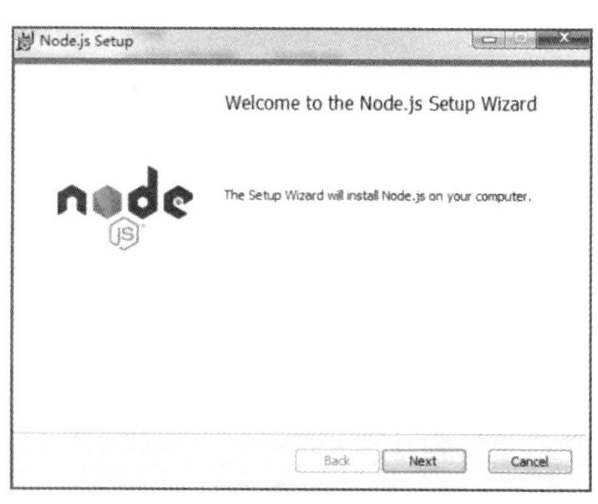

（b）开始安装页面

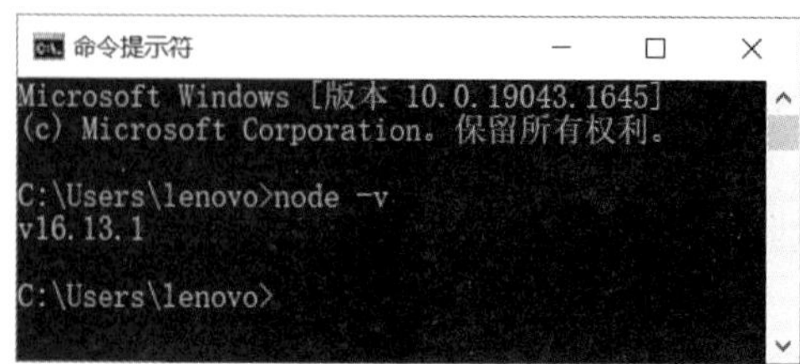

（c）查看版本号

图 6-2　安装 Node.js

Node.js 的安装路径中不能出现中文。

2. NPM 包管理工具

Node Package Manager（NPM）是一个 Node.js 包管理工具，在安装 Node.js 时自动安装，在命令提示符窗口输入命令“npm -v”并执行，可以查看 NPM 的版本，当前的稳定版本是 8.9.0，NPM 由 3 个独立的部分组成。

① 网站：网站是开发者查找包（Package）、设置参数及管理 NPM 使用体验的主要途径。

② 注册表（Registry）：注册表是一个巨大的数据库，保存了每个包的信息。

③ 命令行界面（Command-Line Interface，CLI）：CLI 通过命令行或终端运行，开发者通过 CLI 与 NPM 打交道。

6.1.2 创建与运行 uni-app 项目

1. 创建 uni-app 项目

uni-app 支持可视化界面、vue-cli 命令行两种快速创建项目的方式，HBuilderX 为 uni-app 做了特别强化，内置了相关环境，开箱即用，无须配置 Node.js，使用更为方便。在 HBuilderX 开发环境中，可以用可视化界面的方式创建项目。首先选择“文件”→“新建”→“项目”，然后选择项目模板，输入项目名称，最后单击“创建”按钮，开始项目的创建。uni-app 自带的模板有“Hello uni-app”，它是官方的组件和 API 示例，还有一个重要模板是“uni-ui 项目”模板，该模板已内置大量常用组件，日常开发推荐使用该模板，使用“uni-ui 项目”模板创建项目的操作如图 6-3 所示。

微课 6-1 创建与运行 uni-app 项目

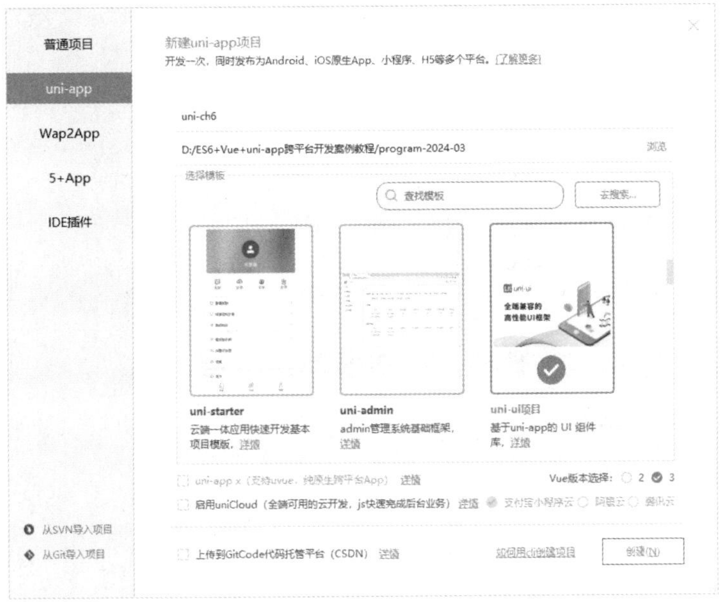

图 6-3 创建 uni-app 项目

2. 运行 uni-app 项目

（1）运行到浏览器

打开 uni-app 项目，选择“运行”→“运行到浏览器”，然后选择浏览器，即可在浏览器里面体验 uni-app 项目的 HTML5 版运行效果，如图 6-4 所示。

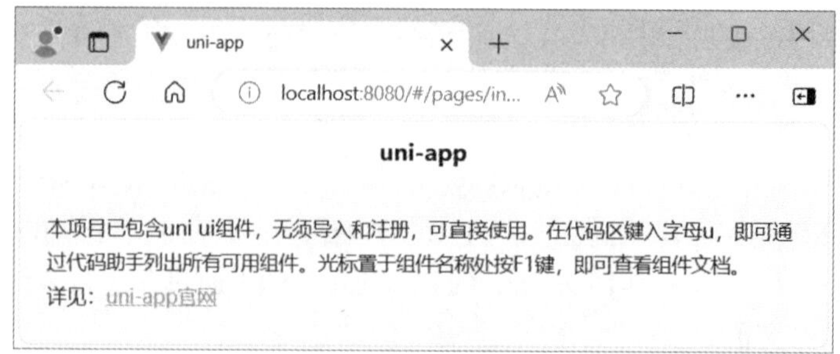

图 6-4　运行到浏览器的效果

（2）运行到内置浏览器

对于项目默认创建的页面文件 index.vue，运行到内置浏览器的步骤如下。

在工作窗口打开页面文件→打开预览窗格自动预览 index.vue 页面文件的运行效果，默认运行为 iPhone 6/7/8 模式。运行效果如图 6-5 所示。

图 6-5　运行到内置浏览器的效果

6.1.3　uni-app 项目结构

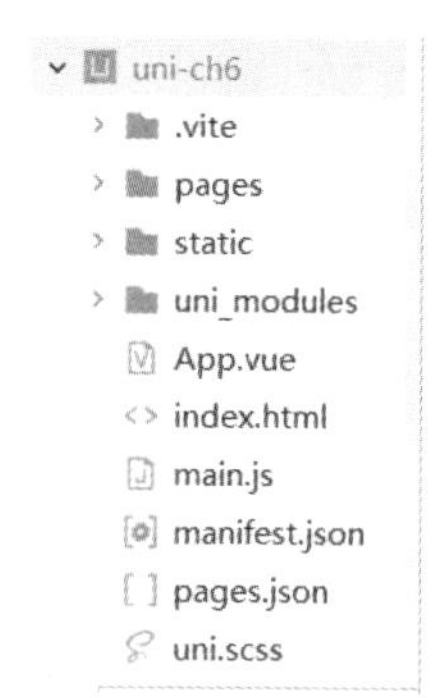

图 6-6　uni-app 项目结构

创建完毕的 uni-app 项目结构如图 6-6 所示，包含项目的页面文件、样式文件、静态资源、组件等。

1. pages 目录

pages 目录是业务页面文件存放的目录，存放扩展名为“.vue”的单文件组件文件。

2. App.vue 文件

App.vue 文件是 uni-app 项目的主组件，所有页面都是在

App.vue 文件下进行切换的，是页面的入口文件，但是 App.vue 本身不是页面，所以不能在这里编写视图元素，即没有 template 元素。App.vue 文件的主要作用是配置项目的应用，包括配置应用的全局样式、监听应用的生命周期、调用应用生命周期钩子函数、配置全局存储数据等。而且应用的生命周期只能在 App.vue 文件中被监听，在页面中监听无效。uni-app 支持的应用生命周期钩子函数如表 6-1 所示。

表 6-1　uni-app 支持的应用生命周期钩子函数

函数	说明
onLaunch()	在 uni-app 初始化完成时触发（全局只触发一次）
onShow()	在 uni-app 启动，或从后台进入前台显示时触发
onHide()	在 uni-app 从前台进入后台时触发
onError()	在 uni-app 报错时触发
onPageNotFound()	在 uni-app 页面不存在时触发
onThemeChange()	在 uni-app 系统主题变化时触发

使用“uni-ui 项目”模板创建的项目在 App.vue 文件中自动导入了一些样式文件，可以在应用中直接使用其中的样式。

3. main.js 文件

main.js 是 Vue 的初始化入口文件，也是 uni-app 项目的入口文件，主要作用是初始化 Vue 实例、定义全局组件、导入并使用需要的插件等，本书不需要修改这个文件。

4. manifest.json 文件

manifest.json 文件是应用的配置文件，用于指定应用的名称、appid、图标、权限、版本等信息，其中 appid 是应用打包必需的信息。使用 HBuilderX 创建的工程文件存放在根目录下，使用 CLI 创建的工程文件存放在 src 目录下。应用配置项说明如表 6-2 所示。

表 6-2　应用配置项说明

配置项	数据类型	默认值	说明
name	String	—	应用的名称
appid	String	新建 uni-app 项目时，由 DCloud 云端分配	应用的标识
description	String	—	应用的描述
locale	String	auto	设置当前的默认语言
versionName	String	—	应用的版本名称，例如 1.0.0
versionCode	Number	—	应用的版本号，例如 100
networkTimeout	Object	—	网络超时时间

续表

配置项	数据类型	默认值	说明
debug	Boolean	false	是否开启 debug 模式，开启后调试信息以 info 的形式给出，包括页面的注册、页面路由、数据更新、事件触发等信息

5. pages.json 文件

pages.json 文件是配置文件，用于配置页面路由、导航栏、选项卡等页面类信息，由若干配置项组成，pages.json 文件的配置项说明如表 6-3 所示。

表 6-3　pages.json 文件的配置项说明

配置项	数据类型	必填性	说明
globalStyle	Object	否	默认的页面窗口表现
pages	Object Array	是	页面的路径及窗口表现
easycom	Object	否	组件自动引入的规则，在 HBuilderX 2.5.5+平台兼容
tabBar	Object	否	底部 tabBar 导航及其表现
condition	Object	否	启动模式
subPackages	Object Array	否	分包加载

globalStyle 配置项用于设置应用的状态栏、导航栏、标题、窗口背景颜色等，该配置项的属性说明如表 6-4 所示。

表 6-4　globalStyle 配置项的属性说明

属性	数据类型	默认值	说明
navigationBarBackgroundColor	HexColor	App 与 HTML5 为#F8F8F8	导航栏背景颜色（同状态栏背景颜色）
navigationBarTextStyle	String	black	导航栏标题颜色及状态栏前景颜色，仅支持 black/white，支付宝小程序不支持该属性
navigationBarTitleText	String	—	导航栏标题文字内容
navigationStyle	String	default	导航栏样式，仅支持 default/custom。仅微信小程序 7.0+、百度小程序、HTML5、App（2.0.3+）支持
backgroundColor	HexColor	#ffffff	下拉显示出来的列表的背景颜色，仅微信小程序支持

续表

属性	数据类型	默认值	说明
backgroundTextStyle	String	dark	下拉 loading 的样式，仅支持 dark/light，仅微信小程序支持
app-plus	Object	—	设置编译到 App 平台的特定样式

pages 配置项用于配置应用页面，其取值为对象数组，数组的每个对象元素对应一个页面的配置设置，页面的配置属性说明如表 6-5 所示。

表 6-5　页面的配置属性说明

属性	数据类型	说明
path	String	配置页面路径
style	Object	配置页面窗口表现，用于设置页面的状态栏、导航栏、标题、窗口背景颜色等。取值含义同 globalStyle 配置项，页面中的配置项会覆盖 globalStyle 中相同的配置项

创建项目时自动生成的 pages.json 文件代码如下。

```
{
    "pages":[{
        "path": "pages/index/index",
        "style": {"navigationBarTitleText": "uni-app"}
    }],
    "globalStyle": {
        "navigationBarTextStyle": "black",
        "navigationBarTitleText": "uni-app",
        "navigationBarBackgroundColor": "#F8F8F8",
        "backgroundColor": "#F8F8F8",
        "app-plus": {"background": "#efeff4"}
    }
}
```

默认配置了“pages/index/index.vue”页面文件，页面标题被设置为“uni-app”，在“globalStyle”配置项中定义了所有页面的默认样式。

6.1.4　打包为原生 App

开发完毕的项目可以根据需要发行为各种应用，本节以“云打包”为例介绍打包为原生 App 的方法。

1. 打包准备

① 打包前需要注册 DCloud 账号，并进行实名认证激活。

② 打开项目配置文件“manifest.json”，单击“重新获取”生成“uni-app 应用标识(appid)”。

2. 云打包

在 HBuilderX 菜单栏中，选择“发行”→“原生 App-云打包”，打开的打包界面如图 6-7 所示。参考图 6-7 所示配置打包选项，进行 Android（apk 包）打包，Android 包名只能包含数字、字母、下划线，并且至少以点号（.）分隔为两段内容，每段内容必须以字母开头，包名的首字母必须为小写字母，或保持自动生成的默认包名即可。

图 6-7　打包配置

配置完毕单击“打包”按钮开始打包，打包完成后，应用程序被自动保存到项目的“unpackage/release/apk/”目录下，它是一个扩展名为.apk 的 Android 应用程序，将其拖放到安卓手机或虚拟机中即可运行查看。

【任务实现】

1. 任务设计

使用新建页面的技术创建页面，并根据需要对页面进行配置。

2. 任务实施

① 使用 uni-ui 项目模板新建 uni-app 项目。

② 在 pages 目录上右击并选择“新建页面”，打开创建页面的对话框，输入页面文件名“hello”，取消勾选“创建同名目录”复选框如图 6-8 所示，单击“创建”按钮完成页面的创建。HBuilderX 自动在 pages 目录下创建了一个名为 hello.vue 的页面文件，并自动在 pages.json 文件中添加了页面的注册代码，完成了页面的注册。

图 6-8 创建页面

③ 修改 hello.vue 页面的视图代码，具体如下。

```
<template>
    <view>为中华之崛起而读书！</view>
</template>
```

④ 修改 pages.json 配置文件中页面的标题为“欢迎页面”，修改后的代码如下。

```
{
    "pages": [{
        "path": "pages/index/index",
        "style": {
            "navigationBarTitleText": "uni-app"
        }
    }, {
        "path": "pages/hello",
        "style": {
            "navigationBarTitleText": "欢迎页面",
            "enablePullDownRefresh": false
```

```
        }

    }],
    "globalStyle": {
        //默认生成代码，略
    }
}
```

⑤ 打开 hello.vue 页面，刷新内置浏览器运行页面。

任务 6.2 学习 uni-app 编程规范

学生通过学习 uni-app 编程的一些基本语法规范，为 uni-app 项目开发奠定基础。由于本书基于 Vue 页面，因此本节仅介绍 uni-app 中 Vue 页面的相关编程规范。

6.2.1 互相引用

uni-app 可以使用第三方组件和自定义组件，是基于组件的模块化编程，涉及组件和功能模块的引用。本节简单介绍 easycom 组件引用机制。

传统 Vue 组件需要经过安装、引用、注册 3 个步骤后才能使用，uni-app 可以通过 easycom 组件引用机制实现组件的引用。在 easycom 组件引用机制中，组件使用被精简为一个步骤，只需要将组件安装在项目根目录或 uni_modules 目录下，并且目录结构符合“组件名称/components/组件名称/组件名称.vue”或“插件 ID/components/组件名称/组件名称.vue”的规范，就可以不用经过引用和注册，直接在页面中使用组件。而且打包时能够自动剔除没有使用的组件，减少空间占用，使用非常友好。因此，在进行 uni-app 项目开发时可以批量安装组件库，方便随意使用，未使用组件的剔除工作由打包程序自动完成，大幅提升开发效率，降低组件的使用门槛。

在 uni-app 项目中，页面和组件中均支持通过 easycom 组件引用机制引用组件，而且页面也是一种特殊的组件，easycom 组件引用机制是自动开启的，不需要手动开启。easycom 组件引用机制也可以在 pages.json 文件的 easycom 配置项中进行个性化设置，如关闭自动扫描，或自定义扫描组件匹配策略等。

6.2.2 CSS 语法

uni-app 的 CSS 语法与 Web 的 CSS 语法基本一致，本节简单介绍 uni-app 使用中的一些注意事项。

1. 选择器

uni-app 目前支持的 CSS 选择器如表 6-6 所示。

表 6-6 CSS 选择器

选择器	样例	样例说明
类选择器（.class）	.box	选择所有拥有 class="box"属性的组件
id 选择器（#id）	#firstitem	选择拥有 id="firstitem"属性的组件

续表

选择器	样例	样例说明
元素选择器（element）	view	选择所有的 view 组件
分组选择器（element，element）	view，checkbox	选择所有的 view 和 checkbox 组件
after 选择器（::after）	view::after	在 view 组件后插入内容，仅对 Vue 页面生效
before 选择器（::before）	view::before	在 view 组件前插入内容，仅对 Vue 页面生效

uni-app 不支持通用选择器（*），微信小程序自定义组件中仅支持类选择器。

2. 尺寸单位

uni-app 支持的通用 CSS 单位包括 px 和 rpx，含义说明如下。

① px：屏幕像素。

② rpx：响应式 px，是一种根据屏幕宽度自适应的动态单位。以 750px 宽的屏幕为基准，750rpx 恰好为屏幕宽度。当屏幕变宽时，rpx 实际显示结果会等比例放大。

Vue 页面还支持以下普通 HTML5 单位。

① rem：根字体大小设置的元素尺寸单位，在 page-meta 里进行配置。

② vh：表示视窗高度（Viewpoint Height）的单位，1vh 等于视窗高度的 1%，100vh 表示占满视窗高度。

③ vw：表示视窗宽度（Viewpoint Width）的单位，1vw 等于视窗宽度的 1%。

3. 样式基本语法

（1）导入外部样式表

使用@import 命令导入外部样式表，命令参数为需要导入的外部样式表的相对路径，用分号（;）表示命令结束。以下代码用于导入“../../common/uni.css”样式文件。

```
<style>
   @import "../../common/uni.css";
</style>
```

（2）定义内联样式

组件支持使用 style 和 class 属性定义样式，静态样式统一写到 class 属性中，以加快渲染速度，动态样式写到 style 属性中，方便运行时解析。以下代码用于为 view 元素添加一个变量名为 mcolor 的颜色属性动态样式。

```
<view :style="{color:mcolor}" />
```

以下代码用于为 view 元素添加一个名字为 normal_view 的静态类样式。

```
<view class="normal_view" />
```

class 属性的取值为类选择器名的集合，类选择器名不带点号（.），类选择器名之间用空格进行分隔，关系为并，表示设置多个样式。

以下代码用于为 view 元素添加名字为 normal_view 和 special_view 的静态类样式。

```
<view class="normal_view special_view" />
```

4. 全局样式与局部样式

在 App.vue 文件中定义的样式为全局样式，其作用于 uni-app 项目的每一个页面。在 pages 目录下的 vue 文件中定义的样式为局部样式，其只作用于当前页面，且优先级高于 App.vue 文件中定义的样式。在 App.vue 文件中通过@import 命令导入的外部样式为全局样式，在 pages 目录下的 vue 文件中导入的外部样式为局部样式。

5. 固定值

uni-app 为一些特殊的 Vue 组件设置了固定高度，该高度不可以修改。

① NavigationBar 导航栏：高度为 44px。

② TabBar 底部选项卡：在 HBuilderX 2.3.4 之前高度为 56px，不可以修改，自 HBuilderX 2.3.4 起和 HTML5 协调为一致，统一为 50px，但可以自主更改高度。

6.2.3 条件编译

uni-app 能够实现一套代码多端运行的核心是编译与运行。编译器将统一的代码编译生成为每个平台支持的特有代码，如小程序平台编译器将 vue 文件拆分成 wxml、wxss、js 等代码。运行时动态处理数据绑定和事件代理，确保 vue 文件和平台宿主数据的一致性，本节简单介绍条件编译。

1. 基本语法

条件编译是用特殊的注释标记代码，在编译时根据注释将代码编译到不同的平台，实现代码的跨平台使用。语法规则为，以#ifdef 或#ifndef 加%PLATFORM%开头，以#endif 结尾。其中的参数说明如下。

① #ifdef 是 if defined 的缩写，表示编译到某平台。

② #ifndef 是 if not defined 的缩写，表示编译到除某平台外的其他平台。

③ %PLATFORM%用于定义平台的名称。

以下语句用于定义仅出现在 App 平台下的代码。

```
#ifdef APP-PLUS 需进行条件编译的代码 #endif
```

以下语句用于定义除 HTML5 平台外，在其他平台均存在的代码。

```
#ifndef HTML5 需进行条件编译的代码 #endif
```

条件编译还可以使用并运算符（||），以下语句用于定义在 HTML5 平台和微信小程序平台存在的代码。

```
#ifdef HTML5 || MP-WEIXIN 需进行条件编译的代码 #endif
```

2. 书写格式

vue、js、css、pages.json 及各种预编译语言文件，如 scss、less、stylus、ts、pug 等均支持条件编译。但是，由于条件编译使用注释实现，在不同的语法里注释写法不同，js 使用“// 注释”注释、css 使用“/* 注释 */”注释、vue 视图模板使用“<!-- 注释 -->”注释，条件编译的书写格式也不同。

（1）API 的条件编译

```
// #ifdef  %PLATFORM%
      平台特有的 API
// #endif
```

（2）组件的条件编译

```
<!--  #ifdef  %PLATFORM% -->
      平台特有的组件
<!--  #endif -->
```

（3）样式的条件编译

```
/*  #ifdef  %PLATFORM%  */
      平台特有的样式
/*  #endif  */
```

（4）pages.json 文件的条件编译

以下代码表示只有运行至 App 时 speech 页面才会被编译进去。

```
//#ifdef APP-PLUS{
       "path": "pages/api/speech/speech","style":{
       "navigationBarTitleText":"语音识别"}
}
// #endif
```

6.2.4 scss 语法

CSS 预处理器定义了一种新的语言，该语言用于为 CSS 增加编程的特性，从而使 CSS 更加简洁、易读和易于维护。CSS 预处理器语言有多种，常用的包括 sass（scss）、less、stylus 和 turbine 等。本节简单介绍 scss 的语法，使用 scss 语法时，需要给 style 元素添加 lang= “scss” 属性。

1. 注释

scss 语法中有块注释“/*注释的内容*/”和行注释“//”两种注释方法。

2. 变量

scss 变量以$符号开头，后面紧跟变量名。变量名和变量值之间用冒号（:）进行分割。例如，以下代码用于定义变量$font，并将变量值设置为 12px。

```
$font: 12px;
```

3. 嵌套

scss 语法的嵌套分为选择器嵌套和属性嵌套。

例如以下 CSS 代码。

```
.left {
    align-items: center;
}
.left .store {
    align-items: center;
    font-size: 32rpx;
}
```

采用 scss 选择器嵌套，代码修改如下。

```
.left {
    align-items: center;
    .store {
        font-size: 32rpx;
    }
}
```

又如以下 CSS 代码。

```
div{
    border-top:1px;
    border-left:2px;
}
```

采用 scss 属性嵌套，代码修改如下。

```
div{
   border{
       top:{
           width:1px;
       }
       left:{
           width:2px;
       }
   }
}
```

在 scss 属性选择器中，&表示父元素选择器，例如以下 CSS 代码。

```
a{
    font-size: 32rpx;
}
a:hover{
    font-size: 64rpx;
}
```

采用 scss 属性嵌套，代码修改如下。

```
a{
    font-size: 32rpx;
    &:hover{
        font-size: 64rpx;
    }
}
```

任务 6.3　设计应用底部导航程序

设计一个图 6-9 所示的底部导航程序，程序初始运行效果如图 6-9（a）所示，默认显示首页。在底部导航上单击进入导航对应的页面，当前页面的导航菜单用特殊颜色显示以提升用户体验，图 6-9（b）所示为单击“订单”导航菜单后的运行效果。

(a) 初始运行结果

(b) 单击“订单”导航菜单后的运行效果

图 6-9　底部导航程序

微课 6-2　设计应用底部导航程序

6.3.1　Vue 页面

uni-app 项目中，一个页面就是一个符合 Vue SFC（Single-File Component，单文件组件）规范的 vue 文件或 nvue 文件，两种文件均全平台支持，当发行 uni-app 到 App 平台时，vue 文件会使用 webview 渲染，nvue 文件会使用原生渲染。本书介绍 Vue 页面的开发，仅以 vue 文件为例。

1. 创建页面

页面通常保存在项目根目录下的 pages 目录中，每次创建页面均需在项目的 pages.json 文件中配置 pages 配置项，未在 pages.json→pages 中配置的页面，会在编译阶段被 uni-app 忽略。

有两种创建页面的方式。

① 在 pages 目录上右击并选择“新建页面”即可创建页面，HBuilderX 会自动在 pages.json 文件中将新建的页面进行注册，开发更为简单。HBuilderX 还内置了常用的页面模板（如图文列表、商品列表等），创建页面时选择这些模板可以大幅度地提升开发效率。

② 在 pages 目录上右击并选择“新建”→“vue 文件”，然后输入页面文件名并单击“创建”按钮也可以创建页面。文件创建完毕后需要在 pages.json 文件中对页面进行注册。

采用两种方式创建页面的结果一样，使用后一种方式创建页面可以使初学者更容易理解代码之间的逻辑关系，读者可根据自身情况任选一种方式创建页面。

2. 删除页面

每一个页面由 vue 文件和 pages 配置项两部分定义，因此，删除页面时，也必须同时删除 vue 文件和 pages.json → pages 配置项中的对应配置，否则应用会出错。

3. 设置应用首页

uni-app 将 pages.json → pages 配置项中的第一个页面作为项目的首页（启动页），直接运行项目会自动运行这个页面，因此，项目打包发布前应将应用首页配置为 pages.json → pages 配置项中的第一个页面。

4. 页面代码规范

uni-app 支持在 template 选项中嵌套 template 元素和 block 元素，以此来进行列表和条件渲染。template 元素和 block 元素并不是有意义的组件，仅是容器元素，不会在页面中做任何渲染，只接收属性设置。由于 block 元素在不同平台中的表现存在一定的差异，推荐使用 template 元素。

5. 页面调用接口函数

可以通过接口函数调用页面，常用于页面调用的接口函数如表 6-7 所示。

表 6-7　常用于页面调用的接口函数

函数	说明
getApp()	获取当前应用的实例，一般用于获取全局数据
getCurrentPages()	获取当前页面栈的实例，以数组的形式按栈的顺序给出，第一个元素为首页，最后一个元素为当前页面。仅用于展示页面栈的情况，不能修改页面栈，修改容易造成页面状态错误。每个页面实例包含的方法和属性如下。 page.$getAppWebview()：获取当前页面的 webview 对象实例，从而实现对 webview 更有效的控制。 page.route：获取当前页面的路由 page.$vm：获取当前页面的 Vue 实例

6. 页面的生命周期钩子函数

Vue 页面具有生命周期，其常用的生命周期钩子函数如表 6-8 所示。

表 6-8　Vue 页面常用的生命周期钩子函数

函数	说明
onLoad()	监听页面加载，接收上一个页面传递的数据，参数类型为 Object
onShow()	监听页面显示，页面每次出现在屏幕上时都会触发，包括单击下级页面后显示当前页面的情况
onReady()	监听页面初次渲染完成，如果渲染速度够快，会在页面进入动画完成前触发
onHide()	监听页面的隐藏，页面隐藏时触发
onUnload()	监听页面的卸载，页面卸载时触发
onReachBottom()	监听页面滚动到底部，常用于下拉下一页数据

7. 页面通信事件

页面之间可以进行通信，常用页面通信事件如表 6-9 所示。

表 6-9　常用页面通信事件

事件	说明
uni.$emit(eventName,object)	触发全局的自定义事件，附加的参数都会传给监听器回调，参数说明如下。 eventName：String，事件名。 object：Object，触发事件所携带的附加参数
uni.$on(eventName,callback)	监听全局的自定义事件，事件可以由 uni.$emi()方法触发，回调函数会接收所有传入事件触发函数的额外参数，参数说明如下。 eventName：String，事件名。 callback：Function，事件的回调函数
uni.$once(eventName,callback)	监听全局的自定义事件。事件可以由 uni.$emit()方法触发，但是只监听一次，在第一次监听之后移除监听器。参数含义同 uni.$on(eventName,callback)
uni.$off(eventName,callback)	移除全局自定义事件的监听器。参数含义同 uni.$on(eventName,callback)

uni.$emit()方法、uni.$on()方法、uni.$once()方法、uni.$off()方法触发的事件都是 App 全局级别的，跨任意组件、页面、nvue、vue 等，使用时应注意及时移除事件的监听器，例如在页面的 onLoad()事件里使用 uni.$on()方法注册了监听器后，应在 onUnload()事件里使用 uni.$off()方法移除监听器，或使用一次性的事件监听器注册方法 uni.$once()。

【例 6-1】 设计一个运行效果如图 6-10 所示的应用程序，通过页面通信事件使页面的显示数据每间隔 1000 ms 自动增加 2，单击“结束监听”按钮，停止增加数据，即结束监听。

图 6-10　页面通信事件

设计思路分析如下。

① 调用 uni.$emit()方法触发全局事件 add()，并在事件中传递数据增加的步长值 2；使用 uni.$on()方法监听 add()事件，并调用 madd()回调函数使页面的显示数据自动增加步长值 2。

② 将 uni.$emit()方法放在定时事件中定时调用，从而实现事件的定时触发，使页面的显示数据定时更新。

③ 把相关代码放在页面的生命周期钩子函数中。

④ 单击“结束监听”按钮结束监听。

实现步骤如下。

① 新建基于 uni-ui 项目模板的 uni-app 项目，在项目的 pages 目录下新建页面，编写代码如下。

```
<template>
    <view class="content">
        <view class="data">
            <text>{{val}}</text>
```

```
        </view>
        <button type="primary" @click="stopComunication">结束监听</button>
    </view>
</template>
<script>
    export default {
        data() {
            return {
                val: 0 //初始值
            }
        },
        onLoad() {
            //使用 uni.$on()方法添加关于 add ( ) 事件的监听器
            uni.$on('add', this.madd);
        },
        onReady() {
                //使用 uni.$emit()方法定时触发 add()事件
                setInterval(() => {
                    uni.$emit('add', {
                        data: 2
                    });
                }, 1000);
        },
        methods: {
            stopComunication() {
                //移除 add()事件的监听器
                uni.$off('add', this.madd);
            },
            madd(e) {
                this.val += e.data;
            }
        }
    }
</script>
<style>
    .content {
        display: flex;
        flex-direction: column;
        align-items: center;
        justify-content: center;
    }
    .data {
        text-align: center;
        line-height: 40px;
        margin-top: 40px;
```

```
    }
    button {
        width: 200px;
        margin: 20px 0;
    }
</style>
```

② 在 pages.json 文件中修改页面的标题为“页面通信事件”。

这里为了方便演示，将所有事件放在了同一个页面中，事实上这些事件都是全局的，可以跨页面触发，需要注意的是如果页面没有打开，将不能注册监听器。跨页面触发的相关知识，请参考本书资源。

6.3.2 tabBar 导航

如果应用是一个多 tabBar 应用，可以通过 pages.json 文件中的 tabBar 选项指定一级导航栏，在 tabBar 切换时显示对应的页面，实现页面导航。tabBar 不仅方便了导航开发，更重要的是能提升 App 和小程序端的性能。基于 tabBar，底层原生引擎在启动时无须等待 js 引擎的初始化即可直接读取 pages.json 文件中配置的 tabBar 信息，并将其渲染为原生 tabBar，提升程序性能。

tabBar 选项的取值为对象，对象的常用属性说明如表 6-10 所示。

表 6-10 tabBar 选项值的常用属性说明

属性	类型	必填	默认值	说明
color	HexColor	是	—	tabBar 上文字的默认颜色
selectedColor	HexColor	是	—	tabBar 上文字选中时的颜色
backgroundColor	HexColor	是	—	tabBar 的背景颜色
borderStyle	String	否	black	tabBar 上边框的颜色，可选值有 black 和 white，App2.3.4+、HTML5 3.0.0+以上版本支持其他颜色值
list	Array	是	—	tabBar 列表
position	String	否	bottom	tabBar 的位置，可选值有 bottom 和 top，top 值仅微信小程序支持
fontSize	String	否	10px	tabBar 中文字的默认大小，App 2.3.4+、HTML5 3.0.0+以上版本支持
iconWidth	String	否	24px	tabBar 中图标的默认宽度（高度自动等比例缩放），App 2.3.4+、HTML5 3.0.0+以上版本支持
spacing	String	否	3px	tabBar 中图标和文字的间距，App 2.3.4+、HTML5 3.0.0+以上版本支持
height	String	否	50px	tabBar 的默认高度，App 2.3.4+、HTML5 3.0.0+以上版本支持
midButton	Object	否	—	tabBar 的中间按钮，仅在 list 属性值的个数为偶数时有效，App 2.3.4+、HTML5 3.0.0+以上版本支持

续表

属性	类型	必填	默认值	说明
iconfontSrc	String	否	—	在 list 属性中设置 iconfont 属性时的字体文件路径，App 3.4.4+、HTML5 3.5.3+以上版本支持

使用 tabBar 有以下注意事项。

① 使用 tabBar 配置的页面显示过一次后就保留在内存中，切换 tabBar 使页面再次显示时只触发页面的 onShow()事件，不触发 onLoad()事件。

② 如果担心在 tabBar 切换过程中页面第一次加载时可能渲染不及时，可以在页面的 onLoad()事件里弹出一个等待的动画改善用户体验。

③ 默认创建的 tabBar 为底部导航，导航仅在指定目录有效。目前仅微信小程序支持顶部 tabBar，可以参考“hello uni-app→模板→顶部选项卡”自定义顶部导航。

tabBar 通过 list 属性配置页面导航，list 属性的值是一个数组，最少配置两个页面，tabBar 按数组元素的顺序排序。list 属性取值中数组元素的常用属性说明如表 6-11 所示。

表 6-11　list 属性取值中数组元素的常用属性说明

属性	数据类型	必填	说明
pagePath	String	否	页面路径，必须是在 pages 目录中定义过且在 pages.json 中配置过的页面
text	String	否	tabBar 上显示的按钮文字，在 App 和 HTML5 平台中为非必填，可以只有图标
iconPath	String	否	tabBar 的图像路径，icon 大小限制为 40kb，建议尺寸为 81px × 81px，当 position 属性值为 top 时，此参数无效，除微信小程序 2.7.0＋和支付宝小程序外不支持网络图像，不支持字体图标
selectedIconPath	String	否	tabBar 选中时的图像路径，参数取值同 iconPath 属性
visible	Boolean	否	tabBar 是否显示，默认为显示，App 3.2.10+、HTML5 3.2.10+以上版本支持
iconfont	Object	否	tabBar 的字体图标，优先级高于 iconPath 属性，App 3.4.4+、HTML5 3.5.3+以上版本支持

【任务实现】

1. 任务设计

① 创建页面并配置页面的标题。

② 使用 tabBar 实现底部导航。

2. 任务实施

① 新建基于 uni-ui 项目模板的 uni-app 项目。

② 在项目的 pages 目录下新建 tabdemo 目录，在 tabdemo 目录下添加 goods、index、me、order 这 4 个页面，页面仅显示标题和提示信息。以下以 order 页面为例说明创建步骤，创建 order 页面并编写页面代码，具体如下。

```
<template>
    <view>
        order
    </view>
</template>
```

在项目的 pages.json 文件中配置页面，代码如下。

```
{
    "path": "pages/tabdemo/order",
    "style": {
        "navigationBarTitleText": "订单信息",
        "enablePullDownRefresh": false
    }
}
```

③ 在项目的 pages.json 文件中添加底部导航，代码如下。

```
"tabBar": {
    "color": "#909399",
    "selectedColor": "#f033f0", //设置导航菜单被选中时文字的颜色
    "backgroundColor": "#FFFFFF",
    "borderStyle": "black",
    "list": [{
            "pagePath": "pages/tabdemo/index",
            "iconPath": "static/c1.png",
            "text": "首页"
        },
        {
            "pagePath": "pages/tabdemo/goods",
            "iconPath": "static/c2.png",
            "text": "商品"
        },
        {
            "pagePath": "pages/tabdemo/order",
            "iconPath": "static/c3.png",
            "text": "订单"
        },

        {
            "pagePath": "pages/tabdemo/me",
            "iconPath": "static/c4.png",
            "text": "地址"
        }
    ]
```

```
}
```

任务 6.4　设计登录程序

微课 6-3
设计登录程序

uni API 是指 uni-app 的 js API，由 ECMAScript 的 js API 和 uni 扩展 API 两部分组成，在 uni-app 项目开发中具有重要的作用。ECMAScript 的 js API 基于标准 BOM 对象 window、document、navigator 等扩展，用法与标准 BOM 对象类似。本任务简单介绍常用的一些由 ECMAScript 扩展的 uni 对象的用法，并基于 uni 对象保存和获取本地存储的数据，设计一个图 6-11 所示的登录程序，程序初始运行效果如图 6-11（a）所示；要求必须输入用户名和密码，未输入时给出提示信息，如图 6-11（b）所示；输入用户名和密码后单击“登录”按钮跳转到系统首页，在首页中获取本地存储的“用户名”并显示出来，如图 6-11（c）所示。

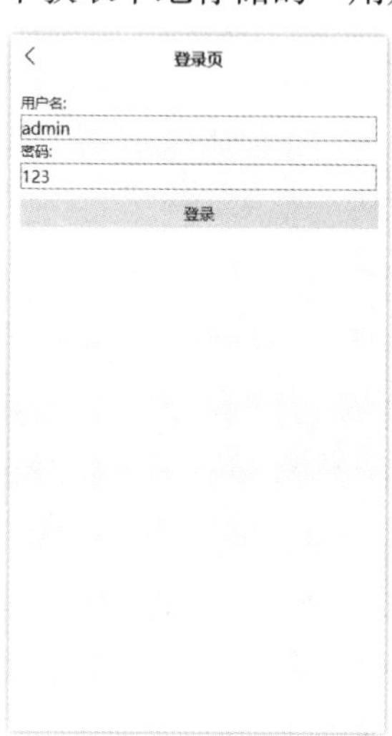

(a) 初始运行效果

(b) 提示信息

(c) 单击“登录”按钮后的运行效果

图 6-11　登录程序

6.4.1　交互反馈

1．显示消息提示框

uni.showToast（OBJECT）用于显示消息提示框。OBJECT 常用参数说明如表 6-12 所示。

表 6-12　OBJECT 常用参数说明

参数	类型	必填	说明
title	String	是	提示的内容，长度与 icon 取值有关
icon	String	否	提示的图标，取值说明如下。 success：成功的提示图标。
icon	String	否	error：错误的提示图标。 fail：失败的提示图标。 exception：异常的提示图标。

续表

参数	类型	必填	说明
icon	String	否	loading：加载的提示图标。 none：不显示图标
image	String	否	自定义图标的本地路径，App 端暂不支持 GIF 图标。App、HTML5、微信小程序、百度小程序支持
mask	Boolean	否	是否显示透明蒙层，防止触摸穿透，默认值为 false。App、微信小程序支持
duration	Number	否	提示的延迟时间，单位为 ms，默认值为 1500
position	String	否	纯文本轻提示显示位置，填写有效值后只有 title 属性生效，且不支持通过 uni.hideToast（OBJECT）隐藏，仅 App 支持。取值说明如下。 top：居上显示。 center：居中显示。 bottom：居底显示
success	Function	否	接口调用成功的回调函数
fail	Function	否	接口调用失败的回调函数
complete	Function	否	接口调用结束的回调函数，不管调用是否成功都会执行此函数

2. 隐藏消息提示框

uni.hideToast（OBJECT）用于隐藏消息提示框。

6.4.2 数据缓存

1. 保存数据

① uni.setStorage（OBJECT）将数据异步存储在本地缓存指定的 key 中，会覆盖掉原来该 key 中存储的数据，是一个异步接口。OBJECT 常用参数说明如表 6-13 所示。

表 6-13 OBJECT 常用参数说明

参数	类型	必填	说明
key	String	是	本地缓存中指定的 key
data	Any	是	需要存储的数据，只支持原生类型和能够通过 JSON.stringify()序列化的对象
success	Function	否	接口调用成功的回调函数
fail	Function	否	接口调用失败的回调函数
complete	Function	否	接口调用结束的回调函数，不管调用是否成功都会执行此函数

② uni.setStorageSync（KEY,DATA）用于同步数据缓存，其参数含义同 uni.setStorage（OBJECT）。

2. 获取数据

① uni.getStorage（OBJECT）用于从本地缓存中异步获取指定 key 存储的数据，其参数含义同 uni.setStorage（OBJECT），调用成功回调函数的返回值为 “res = {data: key 存储的数据}”。

② uni.getStorageSync（KEY）用于从本地缓存中同步获取指定 key 存储的数据。

3. 移除指定数据

① uni.removeStorage（OBJECT）用于从本地缓存中异步移除指定 key 存储的数据，其参数含义同 uni.setStorage（OBJECT）。

② uni.removeStorageSync（KEY）用于从本地缓存中同步移除指定 key 存储的数据。

4. 清除数据

① uni.clearStorage（OBJECT）用于异步清理本地数据缓存，清除全部数据。

② uni.clearStorageSync（KEY）用于同步清理本地数据缓存。

6.4.3 路由

1. 保留当前页面的跳转

uni.navigateTo（OBJECT）用于保留当前页面，并跳转到应用内的某个新页面，跳转后使用 uni.navigateBack（OBJECT）可以返回到原页面。uni.navigateTO（OBJECT）中 OBJECT 常用参数说明如表 6-14 所示。

表 6-14 OBJECT 常用参数说明

参数	类型	必填	说明
url	String	是	需要跳转的应用内非 tabBar 页面的路径，路径后可以带参数。参数与路径之间使用问号（?）进行分隔，参数名与参数值用等号（=）连接，不同参数用与运算符（&）进行分隔。例如，'path?key1=value1&key2=value2'，path 为待跳转的下一个页面的路径，key1 和 key2 为传递的两个参数，value1 和 value2 为参数对应的值
events	Object	否	页面间通信的接口，用于监听由被打开页面发送到当前页面的数据，uni-app 2.8.9+以上版本开始支持该参数
success	Function	否	接口调用成功的回调函数
fail	Function	否	接口调用失败的回调函数
complete	Function	否	接口调用结束的回调函数，不管调用是否成功都会执行此函数

uni.navigateTo（OBJECT）的使用注意事项如下。

① url 参数的长度有限制，太长的字符串会导致传递失败，且 url 参数中出现空格等特殊字符时需要对字符进行编码。

② 页面跳转路径有层级限制，不能无限制跳转新页面。

③ 目标页面必须是在 pages.json 文件里由 pages 配置项配置过的 Vue 页面，不能是 tabBar 配置的页面。

【例 6-2】 设计一个运行效果如图 6-12 所示的应用程序，图 6-12（a）所示为程序初始运行效果，图 6-12（b）所示为单击“登录”按钮后的运行效果，页面实现了跳转和数据传递。

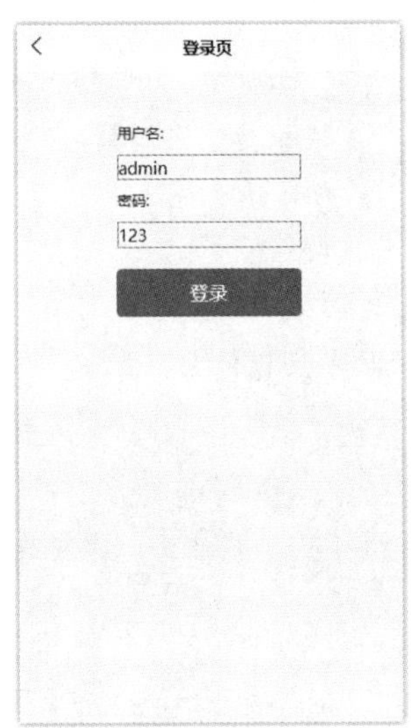

(a) 初始运行效果

(b) 单击“登录”按钮后的运行效果

图 6-12 应用程序

① 新建基于 uni-ui 项目模板的 uni-app 项目，在项目的 pages 目录下新建登录页面，编写如下代码。

```
<template>
    <view class="content">
        <view class="data">
            <text>用户名:</text>
            <input v-model="vname" class="input" />
            <text>密码:</text>
            <input v-model="vpass" class="input" />
        </view>
        <button type="primary" @click="login">登录</button>
    </view>
</template>
<script>
    export default {
        data() {
            return {
                vname: 'admin',
                vpass: '123'
            }
        },
        methods: {
            login() {
                //从当前页面跳转到 index 页面，并传递用户名和密码参数
```

```
                uni.navigateTo({
                    url: 'index?name=' + this.vname + '&pass=' + this.vpass
                });
            }
        }
    }
</script>
/*元素样式请读者参考本书资源自行设计*/
```

② 在 pages.json 文件中修改页面的标题为“登录页”。

③ 在 pages 目录下新建应用首页文件 index.vue，编写代码如下。

```
<template>
    <view class="data">
        <text>{{val}}</text>
    </view>
</template>
<script>
    export default {
        data() {
            return {
                val: '应用首页' //初始值
            }
        },
        onLoad(option) { //option 为 object 类型，用于序列化上个页面传递的参数
            //接收上个页面传递的参数并显示
            this.val = '当前用户是: ' + option.name;
        }
    }
</script>
/*元素样式请读者参考本书资源自行设计*/
```

④ 在 pages.json 文件中修改页面的标题为“首页”。

2. 关闭当前页面的跳转

uni.redirectTo（OBJECT）用于关闭当前页面，并跳转到应用内的某个新页面，跳转后不能通过 uni.navigateBack（OBJECT）返回到原页面，OBJECT 参数含义同 uni.navigateTo（OBJECT）。

【例 6-3】 修改例 6-2 按钮单击事件的跳转对象 uni.navigateTo（OBJECT）为 uni.redirectTo（OBJECT），运行程序，并使用页面自带的后退按钮回退程序，体会 uni.redirectTo（OBJECT）与 uni.navigateTo（OBJECT）回退的区别。

由程序运行结果可见，uni.navigateTo（OBJECT）回退到了当前页的前一页，uni.redirectTo（OBJECT）回退到了项目的首页。

3. 跳转到 tabBar 页面

uni.switchTab（OBJECT）用于跳转到 tabBar 页面，并关闭其他所有非 tabBar 页面。其

OBJECT 参数含义同 uni.navigateTo（OBJECT），其中 url 是待跳转的 tabBar 页面的路径（tabBar 页面需要在 pages.json 文件的 tabBar 配置项中定义），路径后不能带参数。

4. 页面返回

uni.navigateBack（OBJECT）用于关闭当前页面，返回上一页面或多级页面。其 OBJECT 常用参数说明如表 6-15 所示。

表 6-15　OBJECT 常用参数说明

参数	类型	必填	说明
delta	Number	否	返回的页面数，如果 delta 大于现有页面数，则返回到首页，默认返回到当前页面的上一页
success	Function	否	接口调用成功的回调函数
fail	Function	否	接口调用失败的回调函数
complete	Function	否	接口调用结束的回调函数，不管调用是否成功都会执行此函数

【任务实现】

1. 任务设计

① 使用数据缓存对象保存和读取用户名信息。

② 使用路由对象进行页面跳转。

2. 任务实施

① 新建基于 uni-ui 项目模板的 uni-app 项目。

② 在项目的 pages 目录下新建 task_api 目录，并在该目录下新建 login 页面，编写代码如下。

```
<template>
    <view class="box">
        <view>用户名:</view>
        <input v-model="vname" class="input" />
        <view>密码:</view>
        <input v-model="vpass" class="input" />
        <view @click="login" class="btn-submit">登录</view>
    </view>
</template>
<script>
    export default {
        data() {
            return {
                vname: '',
                vpass: ''
            }
        },
```

```
        methods: {
            login() {
                //判断用户名和密码是否为空
                if (this.vname != "" && this.vpass != "") {
                    uni.setStorage({
                        key: 'sname',
                        data: this.vname
                    });
                    uni.navigateTo({
                        url: 'index'
                    });
                }
                //用户名或密码为空时给出提示信息
                else {
                    uni.showToast({
                        title: '用户名和密码必填',
                        icon: "none",
                        duration: 2000
                    });
                }
            }
        }
    }
</script>
```

③ 在 pages.json 文件中修改页面的标题为“登录页”。

④ 在 task_api 目录下新建 index 页面，编写代码如下。

```
<template>
    <view class="box">
        <view>当前登录用户名：{{vname}}</view>
    </view>
</template>
<script>
    export default {
        data() {
            return {
                vname: ''
            }
        },
        onLoad() {
            let _this = this; //保存 this 指针
            uni.getStorage({
                key: 'sname',
                success: function(res) {
                    _this.vname = res.data;
                }
```

```
            });
        }
    }
</script>
```

⑤ 在 pages.json 文件中修改页面的标题为“首页”。

模块小结

本模块全面介绍 uni-app 项目开发的基础知识，包括项目创建、运行及打包等。读者学习本模块以后应能够管理 uni-app 项目，使用 uni API 进行本地数据存储、页面跳转和应用交互反馈，熟悉应用底部导航的设计方法和 tabBar 导航设计的基本原则，掌握交互引用、条件编译的规则。

课后习题

1. 简述 uni-app 项目的创建与运行步骤。
2. 举例说明数据缓存的作用与用法。
3. 简述 pages.json 文件的作用与用法。
4. 举例说明条件编译的用法。
5. 举例说明 tabBar 导航的设计方法。
6. 简述设置应用首页的方法。
7. 简述页面组件中 CSS 定义的尺寸单位及其含义。
8. 以下哪项不是页面的生命周期钩子函数？（　　）

   A．onLoad()　　B．onDestroy()　　C．onShow()　　D．onHide()
9. 使用以下哪种方法可以监听全局自定义事件？（　　）

   A．uni.$emit()　　B．uni.$on()　　C．uni.$off()　　D．uni.$load()
10. 使用以下哪种方法可以获取当前应用页面的实例？（　　）

    A．getApp()　　B．getCurrentPages()　　C．getCurrentPage()　　D．getAppWebview()

课后实训

1．编写用户管理模块底部导航，包括注册、登录、维护、查看 4 个页面，页面内容暂不设计，后续逐步完善。

2．完善用户注册界面，在页面中添加用户名和密码两个输入框，当用户输入注册信息后单击“注册”按钮自动跳转到用户信息查看页面，自动显示已经注册的用户的用户名和密码（提示：用对象数据传递用户名和密码）。

模块 7 uni-app 组件

组件是 uni-app 的核心，包括内置基本组件和 uni 扩展组件，本模块介绍 uni-app 项目开发的常用基本组件和扩展组件。

【学习目标】

知识目标

- 掌握 view、scroll-view、navigator、swiper 等组件的属性与用法。
- 掌握 uni-grid 等组件的属性与用法。
- 掌握数据组件的数据规范与用法。

能力目标

- 具备使用 scroll-view 组件进行内容导航的能力。
- 具备使用 navigator 组件跳转页面的能力。
- 具备使用 swiper 组件轮播图像的能力。
- 具备使用数据组件显示数据的能力。

素质目标

- 具有设计满足应用要求页面的素质。
- 具有设计网页广告 Banner 的素质。
- 具有创新与人文审美素养。

任务 7.1 设计图书分类导航

设计一个图 7-1 所示的图书分类导航程序，页面左侧显示导航菜单，单击菜单项，在页面右侧显示菜单项对应的内容。图 7-1（a）所示为“文学”菜单项对应的显示内容，在页面右侧显示了文学的全部书目，每个书目包含图书名和图书图像两个内容，这里为方便读者使用，使用了 uni-app 项目自带的数字图像，实际开发中请替换为真实图像；在书目上单击显示书目的图书名，图 7-1（b）所示为单击“说岳全传”书目后显示的内容；图 7-1（c）所示为“计算机”菜单项对应的显示内容。

(a)“文学”菜单项对应的显示内容

(b) 单击“说岳全传”书目后显示的内容

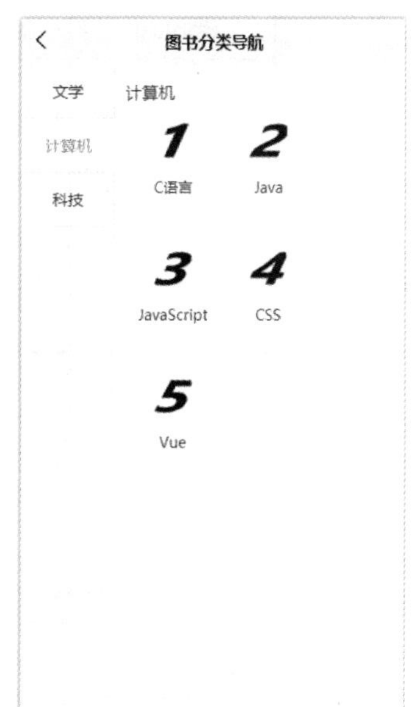

(c)“计算机”菜单项对应的显示内容

图 7-1 图书分类导航程序

7.1.1 view 组件

view 组件是视图容器，用于包裹各种元素和内容，类似于 HTML 的 div，但是比 div 更为直观形象，其常用属性如表 7-1 所示。

表 7-1 view 组件的常用属性

属性	数据类型	默认值	说明
@tap	Event Hanble	—	定义单击时触发的事件
hover-class	String	none	定义在元素上按下去的样式类，当 hover-class="none"时，没有单击态的效果
hover-start-time	Number	50	在元素上按住后多久出现单击的状态，单位为 ms
hover-stay-time	Number	400	在元素上松开后单击状态保留的时间长度，单位为 ms

7.1.2 scroll-view 组件

scroll-view 组件用于定义可滚动视图区域，是区域滚动组件，可以纵向滚动和横向滚动。scroll-view 组件定义为纵向滚动时，需要给 scroll-view 组件通过 height 属性设置一个固定高度，否则不能滚动；scroll-view 组件定义为横向滚动时，需要给 scroll-view 组件添加“white-space: nowrap”的样式，否则也不能滚动。scroll-view 组件的常用属性如表 7-2 所示。

表 7-2 scroll-view 组件的常用属性

属性	数据类型	默认值	说明
scroll-x	Boolean	false	是否允许横向滚动
scroll-y	Boolean	false	是否允许纵向滚动
upper-threshold	Number/String	50	距离顶部/左边多远时（单位为 px）触发 scrolltoupper 事件
lower-threshold	Number/String	50	距离底部/右边多远时（单位为 px）触发 scrolltolower 事件
scroll-top	Number/String	—	纵向滚动条的位置
scroll-left	Number/String	—	横向滚动条的位置
scroll-into-view	String	—	将滚动的终点设置为某指定子元素，取值为子元素的 id 属性值
scroll-with-animation	Boolean	false	滚动时是否使用动画过渡
@scrolltoupper	EventHandle	—	定义滚动到顶部/左边时触发 scrolltoupper 事件
@scrolltolower	EventHandle	—	定义滚动到底部/右边时触发 scrolltoupper 事件
@scroll	EventHandle	—	定义滚动时触发的事件，参数格式描述如下。event.detail = {scrollLeft，scrollTop，scrollHeight，scrollWidth，deltaX，deltaY}
@transition	EventHandle	—	定义选中的 swiper-item 切换时触发的事件，参数的数据格式如下

续表

属性	数据类型	默认值	说明
@transition	EventHandle	—	event.detail = {dx: dx, dy: dy}，支付宝小程序暂不支持 dx, dy

【例 7-1】 设计一个运行效果如图 7-2 所示的纵向滚动程序，图 7-2（a）所示为初始运行效果，图 7-2（b）所示为向上滚动到某位置的运行效果。

(a) 初始运行效果

(b) 向上滚动到某位置的运行效果

图 7-2 纵向滚动

① 新建基于 uni-ui 项目模板的 uni-app 项目，在项目的 pages 目录下新建页面，编写如下代码。

```
<template>
   <scroll-view scroll-top="0" scroll-y="true" class="scroll-Y">
      <view id="view1" class="scroll-view-item  red">A</view>
      <view id="view2" class="scroll-view-item  green">B</view>
      <view id="view3" class="scroll-view-item  blue">C</view>
   </scroll-view>
</template>
<style>
    .scroll-Y {
        /* 必须设置 height 属性*/
        height: 300rpx;
    }
    /* 设置滚动条的样式 */
    .scroll-view-item {
        height: 300rpx;
        line-height: 300rpx;
```

```
        text-align: center;
        font-size: 36rpx;
    }
    .red {
        background-color: red;
    }
    .green {
        background-color: green;
    }
    .blue {
        background-color: blue;
    }
</style>
```

② 在 pages.json 文件中修改页面的标题为“纵向滚动”。

【例 7-2】 修改例 7-1，将滚动方向修改为横向，程序运行效果如图 7-3 所示，图 7-3（a）所示为初始运行效果，图 7-3（b）所示为向左滚动到某位置的运行效果。

(a) 初始运行效果　　(b) 向左滚动到某位置的运行效果

图 7-3　横向滚动

① 新建基于 uni-ui 项目模板的 uni-app 项目，在项目的 pages 目录下新建页面，编写如下代码。

```
<template>
    <scroll-view class="scroll-view_H" scroll-x="true" scroll-left="0">
        <view id="view1" class="scroll-view-item_H red">A</view>
        <view id="view2" class="scroll-view-item_H green">B</view>
        <view id="view3" class="scroll-view-item_H blue">C</view>
    </scroll-view>
</template>
<style>
    .scroll-view_H {
```

```
        /* 必须设置 white-space 属性*/
        white-space: nowrap;
        width: 100%;
    }
    .scroll-view-item_H {
        display: inline-block;
        width: 100%;
        height: 300rpx;
        line-height: 300rpx;
        text-align: center;
        font-size: 36rpx;
    }
    /* 颜色样式代码参考例 7-1，略 */
</style>
```

② 在 pages.json 文件中修改页面的标题为“横向滚动”。

【例 7-3】 完善例 7-1，在页面上添加一个“返回顶部”视图按钮，单击该按钮后滚动到顶部，并给出提示信息，程序运行效果如图 7-4 所示。

图 7-4 例 7-3 程序运行效果

① 新建基于 uni-ui 项目模板的 uni-app 项目，在项目的 pages 目录下新建页面，编写如下代码。

```
<template>
    <scroll-view :scroll-top="scrollTop" scroll-y="true"
                class="scroll-Y" @scroll="scroll">
        <view id="view1" class="scroll-view-item red">A</view>
        <view id="view2" class="scroll-view-item green">B</view>
```

```
        <view id="view3" class="scroll-view-item blue">C</view>
    </scroll-view>
    <view @tap="goTop" class="btn">返回顶部</view>
</template>
<script>
    export default {
        data() {
            return {
                scrollTop: 0,
                old: {
                    scrollTop: 0
                }
            }
        },
        methods: {
            scroll(e) {
                this.old.scrollTop = e.detail.scrollTop;
            },
            goTop(e) {
                //解决 view 层不同步的问题
                this.scrollTop = this.old.scrollTop;
                this.$nextTick(function() {
                    this.scrollTop = 0;
                });
                uni.showToast({
                    icon: "none",
                    title: "纵向滚动值已被修改为"+this.scrollTOP
                })
            }
        }
    }
</script>
/*样式代码同例 7-1，略 */
```

② 在 pages.json 文件中修改页面的标题为“纵向滚动”。

纵向滚动时，必须设置 scroll-view 组件的 height 属性，否则没有滚动效果，不能触发滚动函数。

【任务实现】

1. 任务设计

① 单页面设计具有加载效率高的优点。将所有待显示内容加载到一个页面中，利用 scroll-view 组件的定位功能实现菜单项的导航定位，即将所有书目放在一个滚动视图里，在单击左侧导航菜单时使右侧书目滚动显示到左侧菜单项要求书目的对应位置。

② 书目数据较多，单独放在一个数据文件里能够方便数据重用和使程序结构更为清晰。

2. 任务实施

① 新建基于 uni-ui 项目模板的 uni-app 项目。

② 在项目中新建 common 目录，在 common 目录下新建 bookdata.js 数据文件，编写如下代码。

```
export default [{
        "name": "文学",
        "list": [{
                "type": "color",
                "name": "水浒传",
                "key": "01001",
                "icon": "../../static/c1.png",
            },
            {
                "type": "vip-filled",
                "name": "西游记",
                "key": "01002",
                "icon": "../../static/c2.png",
            },
            {
                "type": "person-filled",
                "name": "红楼梦",
                "key": "01003",
                "icon": "../../static/c3.png",
            },
            {
                "type": "calendar-filled",
                "name": "三国演义",
                "key": "01004",
                "icon": "../../static/c4.png",
            },
            {
                "type": "fire-filled",
                "name": "说岳全传",
                "key": "01005",
                "icon": "../../static/c5.png",
            }
        ]
    },
    //计算机和科技书目数据，略
]
```

③ 在项目的 pages 目录下新建页面，编写如下代码。

```
<template>
    <view class="page-body">
        <view class="nav-left">
            <view class="nav-left-item " @click="categoryClickMain(index)" :key="index"
                  :class="index == categoryActive ? 'active' : ''"
                  v-for="(item, index) in bookData">
                {{item.name }}
            </view>
        </view>
        <scroll-view class="nav-right" scroll-y="true" :scroll-top='scrollTop'>
            <view v-for="(item, index) in bookData" :key="index" class="box">
                <view>{{item.name}}</view>
                <view :id="i == 0 ? 'first' : ''" @click="cart(item.name)"
                        class="nav-right-item"
                        v-for="(item,i)in item.list" :key="i">
                    <image :src="item.icon" />
                    <view>{{ item.name }}</view>
                </view>
            </view>
        </scroll-view>
    </view>
</template>
<script>
    //从数据文件导入数据
    import bookData from '@/common/bookdata.js';
    export default {
        data() {
            return {
                categoryActive: 0,
                scrollTop: 0,
                bookData: bookData,
                //纵向滚动条位置数组，实际开发中应通过动态计算自动适配
                arr: [0, 677, 1354, 2031, 2708]
            }
        },
        methods: {
            cart(text) {
                uni.showToast({
                    title: text,
                    icon: 'none'
                })
            },
            categoryClickMain(index) {
                this.scrollTop = this.arr[index];
                this.categoryActive = index;
```

```
            }
        }
    }
</script>
<style>
    .page-body {
        display: flex;
        background: #fff;
        overflow: hidden;
    }
    .nav-left {
        width: 25%;
        background: #fafafa;
    }
    .nav-left-item {
        height: 100upx;
        border-right: solid 1px #f1f1f1;
        border-bottom: solid 1px #f1f1f1;
        font-size: 30upx;
        display: flex;
        align-items: center;
        justify-content: center;
    }
    .nav-right {
        padding-top: 15px;
        padding-left: 10px;
        width: 75%;
        /* 必须设置高度 */
        height: 100vh;
    }
    .box {
        overflow: hidden;
        border-bottom: 20upx solid #f3f3f3;
        /* 设置元素高度为视窗高度 */
        min-height: 100vh;
    }
    .nav-right-item {
        width: 30%;
        height: 220upx;
        float: left;
        text-align: center;
        padding: 11upx;
        font-size: 28upx;
        background: #fff;
    }
    .nav-right-item image {
```

```
        width: 120upx;
        height: 120upx;
    }
    /* 定义选中菜单项的显示样式 */
    .active {
        color: #ff80ab;
        background: #fff;
        border-right: 0;
    }
</style>
```

④ 在项目的 pages.json 文件中修改页面的标题为“图书分类导航”。

任务 7.2　设计轮播程序

设计一个图 7-5 所示的轮播程序，自动轮播 3 幅图像。在图像底部显示导航指示，单击导航指示能够打开指定的轮播图像，图 7-5（a）所示为轮播第 2 幅图像的效果。在图像上单击可跳转到轮播图详情页面，图 7-5（b）所示为第 2 幅图像的详情页面，在这里可以根据需求显示轮播图的详细内容。

(a) 轮播第 2 幅图像的效果

(b) 第 2 幅图像的详情页面

微课 7-2
设计轮播程序

图 7-5　轮播程序

7.2.1　navigator 组件

navigator 组件是页面跳转组件，类似 HTML 中的 a 元素，但是通过该组件只能跳转至应用内的页面，且目标页面必须在 pages.json 文件中已注册。navigator 组件的常用属性如表 7-3 所示。

表 7-3　navigator 组件的常用属性

属性	数据类型	默认值	说明
url	String	—	应用内的跳转链接，取值为相对或绝对路径，路径名不能加“.vue”扩展名
open-type	String	navigate	跳转方式，取值及其含义说明如下。 navigate：对应 uni.navigateTo（OBJECT）的功能。 redirect：对应 uni.redirectTo（OBJECT）的功能。 switchTab：对应 uni.switchTab（OBJECT）的功能。 reLaunch：对应 uni.reLaunch（OBJECT）的功能。 navigateBack：对应 uni.navigateBack（OBJECT）的功能。 exit：退出应用，当 target="miniProgram"时生效
delta	Number	—	当 open-type 为 navigateBack 时有效，表示回退的层数
hover-class	String	navigator-hover	单击时的样式类，当 hover-class="none"时，没有单击态效果
animation-type	String	pop-in/out	窗口的显示/关闭动画效果，当 open-type 为 navigate 或 navigateBack 时有效
hover-stop-propagation	Boolean	false	是否阻止本节点的祖先节点出现单击态的效果
target	String	self	在哪个小程序目标上发生跳转，默认为当前小程序，值域为 self/miniProgram

【例 7-4】　设计一个运行效果如图 7-6 所示的导航程序，图 7-6（a）所示为初始运行效果，图 7-6（b）所示为单击“水浒传”导航后的运行效果。

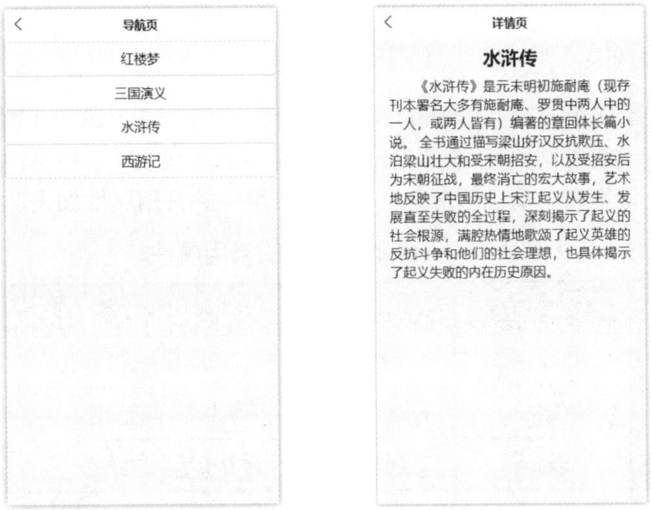

导航页
红楼梦
三国演义
水浒传
西游记

(a) 初始运行效果

详情页
水浒传
《水浒传》是元末明初施耐庵（现存刊本署名大多有施耐庵、罗贯中两人中的一人，或两人皆有）编著的章回体长篇小说。全书通过描写梁山好汉反抗欺压、水泊梁山壮大和受宋朝招安，以及受招安后为宋朝征战，最终消亡的宏大故事，艺术地反映了中国历史上宋江起义从发生、发展直至失败的全过程，深刻揭示了起义的社会根源，满腔热情地歌颂了起义英雄的反抗斗争和他们的社会理想，也具体揭示了起义失败的内在历史原因。

(b) 单击“水浒传”导航后的运行效果

图 7-6　导航程序

① 新建基于 uni-ui 项目模板的 uni-app 项目，在项目的 pages 目录下新建页面，编写如下代码。

```
<template>
    <!--在 vue3 中，template 元素可以包含多个元素-->
    <navigator url="hlm" hover-class="navigator-hover">
        <view class="btn-default">红楼梦</view>
    </navigator>
    <navigator url="sgyy" open-type="redirect" hover-class="navigator-hover">
        <view class="btn-default">三国演义</view>
    </navigator>
    <navigator url="sh" hover-class="navigator-hover">
        <view class="btn-default">水浒传</view>
    </navigator>
    <navigator url="xyj" hover-class="navigator-hover">
        <view class="btn-default">西游记</view>
    </navigator>
</template>
```

② 在 pages.json 文件中修改页面的标题为“导航页”。

③ 在 pages 目录下新建 sh.vue 页面，编写如下代码。

```
<template>
    <view class="title">水浒传</view>
    <view class="content">
        《水浒传》是元末明初……
    </view>
</template>
```

④ 在 pages.json 文件中修改页面的标题为“详情页”。

⑤ 参考 sh.vue 页面创建其他页面。

本例样式代码都较为简单，读者可根据喜好自行设计。

7.2.2 swiper 组件

swiper 组件是滑块视图容器，是单页组件，一般用于左右滑动或上下滑动，适合做 Banner 图轮播和简单列表左右滑动。与 scroll-view 组件实现的区域滚动切换不同，滑动切换是一屏一屏地切换，不能停留在两个滑动区域之间。swiper 组件的常用属性如表 7-4 所示。

表 7-4 swiper 组件的常用属性

属性	类型	默认值	说明
indicator-dots	Boolean	false	是否显示面板指示点
indicator-color	Color	rgba(0,0,0,.3)	面板指示点的颜色
indicator-active-color	Color	#000000	选中指示点的颜色
autoplay	Boolean	false	是否自动切换显示
current	Number	0	当前滑块的索引值

续表

属性	类型	默认值	说明
interval	Number	5000	滑块自动切换的时间间隔，单位 ms
duration	Number	500	滑动的动画时长，app-nvue 不支持，单位 ms
circular	Boolean	false	是否采用衔接滑动，即播放到末尾后重新回到开头
vertical	Boolean	false	滑动方向是否为纵向
@change	EventHandle	—	当 current 值改变时触发的事件，参数数据格式如下。 event.detail = {current: current，source: source}
@animationfinish	EventHandle	—	动画结束时触发的事件，参数数据格式如下。 event.detail = {current: current，source: source} 抖音小程序与飞书小程序不支持该属性

7.2.3　swiper-item 组件

swiper-item 组件定义 swiper 组件的一个滑动切换区域，仅可以放置在 swiper 组件中，宽、高相对于其父组件自动设置为 100%，不能被子组件自动撑开。

swiper-item 组件仅有 item-id 一个属性，item-id 是定义 swiper-item 组件的唯一标识符。

【例 7-5】　设计一个运行效果如图 7-7 所示的滑块程序，图 7-7（a）所示为初始运行效果，图 7-7（b）所示为滑动到下一个滑块的运行效果。

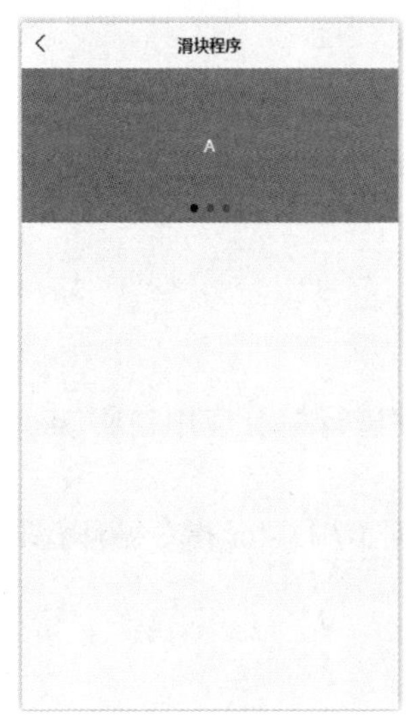

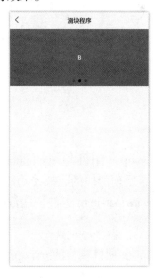

(a) 初始运行效果

(b) 滑动到下一个滑块的运行效果

图 7-7　滑块程序

① 新建基于 uni-ui 项目模板的 uni-app 项目，在项目的 pages 目录下新建页面，编写如下代码。

```
<template>
```

```
    <swiper class="swiper" circular
        :indicator-dots="indicatorDots" :autoplay="autoplay"
        :interval="interval" :duration="duration">
        <swiper-item>
            <view class="swiper-item uni-bg red">A</view>
        </swiper-item>
        <swiper-item>
            <view class="swiper-item uni-bg green">B</view>
        </swiper-item>
        <swiper-item>
            <view class="swiper-item uni-bg blue">C</view>
        </swiper-item>
    </swiper>
</template>
<script>
    export default {
        data() {
            return {
                indicatorDots: true, //显示指示点
                autoplay: true, //自动滑动
                interval: 2000, //间隔 2000 ms
                duration: 500  //滑块停留 500 ms
            }
        }
    }
</script>
```

② 在 pages.json 文件中修改页面的标题为"滑块程序"。

样式代码请参考例 7-1。

【任务实现】

1. 任务设计

① 本任务对 swiper 组件与 navigator 组件进行综合应用，将 navigator 组件嵌套在 swiper-item 组件中，实现滑块的超链接功能。

② 滑块区域的 swiper-item 组件使用数组数据，用 v-for 指令循环获取。

2. 任务实施

① 新建基于 uni-ui 项目模板的 uni-app 项目。

② 将项目使用到的 3 幅图像复制到 static 目录下。

③ 在项目的 pages 目录下新建页面，编写如下代码。

```
<template>
    <swiper class="swiper" :indicator-dots="indicatorDots"
          :autoplay="autoplay" :interval="interval"
          :duration="duration" circular>
```

```
        <swiper-item v-for="(item, index) in list">
            <view class="swiper-item">
                <navigator :url="item.url">
                    <image :src="item.src" />
                </navigator>
            </view>
        </swiper-item>
    </swiper>
</template>
<script>
    export default {
        data() {
            return {
                indicatorDots: true,
                autoplay: true,
                interval: 2000,
                duration: 500,
                list: [{url: 'sw1',src: "../../static/swt1.jpg"},
                    {url: 'sw2',src: "../../static/swt2.jpg"},
                    {url: 'sw3',src: "../../static/swt3.jpg"}
                ]
            }
        }
    }
</script>
<style>
    /*swiper 组件的样式*/
    .swiper {
        height: 300rpx;
        color: white;
    }
    /* 滑块样式 */
    .swiper-item {
        line-height: 300rpx;
        text-align: center;
    }
</style>
```

④ 在 pages.json 文件中修改页面的标题为“轮播程序”。

⑤ 参考例 7-4 创建超链接页面。

任务 7.3　设计宫格显示程序

微课 7-3
设计宫格显示程序

设计一个图 7-8 所示的以宫格方式显示的推荐内容程序，分组显示文学、计算机、科技 3 类图书，每本书显示图书名和图像，如图 7-8（a）所示；在图书名上单击时提示单击的位置，如图 7-8（b）所示。

(a) 分组显示全部信息

(b) 在某组第 2 格单击

图 7-8 宫格显示程序

7.3.1 uni-section 组件

uni-section 是标题栏组件，主要用于文章、列表详情等标题展示。uni-section 组件的常用属性如表 7-5 所示。

表 7-5 uni-section 组件的常用属性

属性	数据类型	默认值	说明
title	String	—	主标题
type	String	—	装饰类型，可选值：line（竖线）、circle（圆形）、square（方形）
titleFontSize	String	14px	主标题字体大小
titleColor	String	#333	主标题字体的颜色
subTitle	String	—	副标题
subTitleFontSize	String	12px	副标题字体大小
subTitleColor	String	#999	副标题字体颜色
padding	Boolean/String	false	默认插槽容器的 padding 值，当传入数据的类型为 Boolean 时，该值被设置为 10px 或 0

【例 7-6】 设计一个运行效果如图 7-9 所示的标题显示程序，显示“文学”和“计算机”两个主标题及其对应的副标题，并在“计算机”标题左侧添加装饰竖线。

图 7-9　标题显示程序

① 新建基于 uni-ui 项目模板的 uni-app 项目，在项目的 pages 目录下新建页面，编写页面视图代码，具体如下，样式代码请自行设计。

```
<template>
    <uni-section class="mb-10" title="文学" sub-title="名著"/>
    <uni-section class="mb-10" title="计算机"
        sub-title="基础语言" type="line"/>
</template>
```

② 在项目的 pages.json 文件中修改页面的标题为“uni-section 组件”。

7.3.2　uni-icons 组件

uni-icons 组件用于展示 icon 图标。uni-icons 组件已经收录了大量日常开发中常用的图标，方便用户使用，此外，用户还可以自定义图标。uni-icons 组件的常用属性如表 7-6 所示。

表 7-6　uni-icons 组件的常用属性

属性	数据类型	默认值	说明
size	Number	24	图标的大小
type	String	—	图标的图案，取值为 uni-icons 预设的图标名
color	String	—	图标的颜色
fontFamily	String	—	自定义图标

【例 7-7】　完善例 7-6，在“文学”标题下添加 4 项内容，程序运行效果如图 7-10 所示。

图 7-10　图标显示程序

① 新建基于 uni-ui 项目模板的 uni-app 项目，在项目的 pages 目录下新建页面，编写如下代码。

```
<template>
   <uni-section class="mb-10" title="文学" sub-title="名著"
          type="line" padding >
       <view v-for="(item, index) in list" :key="index">
           <view class="item-box">
               <uni-icons :type="item.type" :size="30" color="#777" />
               <text class="text">{{item.text}}</text>
           </view>
       </view>
   </uni-section>
   <uni-section title="计算机" sub-title="基础语言" type="line" />
</template>
<script>
    export default {
        data() {
            return {
                list: [{text: '水浒传',type: "color"},
                      {text: '西游记',type: "vip-filled"},
                      {text: '红楼梦',type: "person-filled"},
                      {text: '三国演义',type: "calendar-filled"}
                ]
            }
        }
    }
```

```
</script>
//样式代码参考例 7-6，这里省略
```

② 在 pages.json 文件中修改页面的标题为“uni- icons 组件”。

7.3.3　uni-grid 组件

uni-grid 是宫格组件，能够以宫格的形式显示内容。uni-grid 组件的常用属性如表 7-7 所示。

表 7-7　uni-grid 组件的常用属性

属性	类型	默认值	说明
column	Number	3	每列显示的宫格个数
borderColor	String	#d0dee5	边框的颜色
showBorder	Boolean	true	是否显示边框
square	Boolean	true	是否方形显示
highlight	Boolean	true	单击后背景是否高亮
@change	EventHandle	—	单击宫格时触发，参数数据格式如下。 e={detail:{index:0}}，其中 index 为当前单击的宫格的索引

宫格的每一项内容由 uni-grid-item 组件定义，该组件仅有一个 index 属性，该属性是定义 uni-grid-item 组件的唯一标识符，单击宫格会返回该属性的值。

【例 7-8】　修改例 7-7，使“文学”标题下的 4 项内容以宫格形式显示，程序运行效果如图 7-11 所示。

图 7-11　宫格显示程序

① 将页面视图代码修改为如下代码，其余代码不变。

```
<template>
    <uni-section class="mb-10" title="文学" sub-title="名著"
            type="line" padding>
        <uni-grid :column="4" :highlight="true">
            <uni-grid-item v-for="(item, index) in list"
                    :index="index" :key="index">
                <view class="item-box">
                    <uni-icons :type="item.type" :size="30" color="#777" />
                    <text class="text">{{item.text}}</text>
                </view>
            </uni-grid-item>
        </uni-grid>
    </uni-section>
    <uni-section title="计算机" sub-title="基础语言" type="line" />
</template>
```

② 在 pages.json 文件中修改页面的标题为“uni-grid 组件”。

【例 7-9】 完善例 7-8，为其添加 change 事件，在宫格上单击时显示宫格的文字内容，程序运行效果如图 7-12 所示。

图 7-12 在“三国演义”宫格上单击

① 为 uni-grid 组件添加@change=“change”的属性。

② 在 Vue 根组件中添加 change()方法的代码如下。

```
        methods: {
            change(e) {
                let {index} = e.detail;
                uni.showToast({
```

```
                title:this.list[index].text,
                icon: 'none'
            })
        }
    }
```

【任务实现】

1. 任务设计

① 本任务对宫格显示组件进行应用，在宫格内容中结合了文字显示和图标的使用。

② 本任务使用的数据与任务 7.1 一样，可直接使用任务 7.1 创建的数据文件。

2. 任务实施

① 新建基于 uni-ui 项目模板的 uni-app 项目。

② 将任务 7.1 的 common 目录复制到本项目中。

③ 在项目的 pages 目录下新建页面，编写如下代码。

```
<template>
    <uni-section class="mb-10" :title="item.name"
            v-for="(item, index) in bookData" type="line" padding>
        <uni-grid :column="5" :highlight="true" @change="change">
            <uni-grid-item v-for="(item, index) in item.list"
                        :index="index" :key="index">
                <view class="item-box">
                    <uni-icons :type="item.type" :size="30" color="#777" />
                    <text class="text">{{item.name}}</text>
                </view>
            </uni-grid-item>
        </uni-grid>
    </uni-section>
</template>
<script>
    //导入外部数据
    import bookData from '@/common/bookdata.js';
    export default {
        data() {
            return {
                bookData: bookData
            }
        },
        methods: {
            change(e) {
                let {
                    index
                } = e.detail;
```

```
                uni.showToast({
                    title: '单击第${index+1}个宫格',
                    icon: 'none'
                })
            }
        }
    }
</script>
//样式代码参考教学资源
```

④ 在 pages.json 文件中修改页面的标题为“宫格显示程序”。

任务 7.4　使用数据组件

将选择类组件做成数据组件可以简化组件的数据绑定过程，本任务以爱好复选框、地区滚动选择器设计为例介绍数据组件的用法，读者学习后应熟练掌握数据组件的两种数据格式，能使用数据组件实现选择功能。

7.4.1　数据组件概述

数据组件（Data Components、Datacom）是数据驱动的组件，是对基础组件的再封装，相较于普通组件具有数据绑定的特点，为其绑定一组数据，即可自动渲染出结果，数据渲染效率高，使用方便。

数据组件通过 localdata 属性绑定数据，可以是本地数据，也可以是 uniCloud 的云数据库查询结果，即通过 collection 表名、field 字段名、where 条件获取的数据，如果同时设置了 localdata 属性和 collection 查询，优先使用 localdata 属性的数据。

1. 组件规范

数据组件遵循以下规范。

① 数据组件的名称以-data-为中间分隔符，前面是组件库的名称，后面是组件功能的表述，例如 uni-data-checkbox 是一个复选框数据组件。

② 数据组件的数据是一组候选 json 数据，可以是平铺的数组，也可以是嵌套的树形结构数据。

③ 符合 uni-forms 组件的表单校验规范。

2. 能够做成数据组件的常用组件

选择类组件的基本逻辑是在指定的数据范围内选择其中的一个或多个数据，可以使绑定数据的选择范围简洁、直观，使用简单、方便，该类组件非常适合做成数据组件。表 7-8 中列出了一些可以做成数据组件的常用组件。

表 7-8　能够做成数据组件的常用组件

组件	选择模式	数据结构	展现方式	使用场景	说明
radio（单选框）	单选	数组	平铺	表单	列表单选、按钮组单选、标签组单选

续表

组件	选择模式	数据结构	展现方式	使用场景	说明
checkbox（复选框）	多选	数组	平铺	表单	列表多选、按钮组多选、标签组多选
select（下拉列表）	单选、多选	数组	弹出	表单	单选下拉列表、多选下拉列表
picker（滚动选择器）	单选	数组、树	弹出	表单	单列选择器（数组）、多列选择器（树）
cascader（级联选择）	单选、多选	树	弹出	表单	—
slider（滑块）	单选	数字范围	平铺	表单	—
rate（评分）	单选	数字范围	平铺	表单	—
stepper（步进器）	单选	数字范围	平铺	表单	—
表头筛选	多选	数组	弹出	表单	—
城市选择	单选	树	弹出、平铺	表单	—
segement（分段器）	单选	数组	平铺	展示	—
tree（树形控件）	单选、多选	树	平铺	展示	—

7.4.2 数据组件的数据规范

数据组件接受“数组”和“树”两种结构规范的数据。

1. 数组类型数据

数组类型数据中每条数据可以包含的基本属性如表 7-9 所示。

表 7-9 数组类型数据的基本属性

属性	数据类型	默认值	说明
value	—	—	数据的值，必填项
text	String	—	显示的文字，必填项
selected	Boolean	false	是否默认选中
disable	Boolean	false	是否禁用
group	String	—	分组的标记

还可以根据应用需要自由扩展属性，例如根据需要扩展描述行、列、单元格数据的属性等。

【例 7-10】 编码将用户注册页面的爱好复选框组件做成数据组件，程序运行效果如图 7-13 所示。

图 7-13　uni-data-checkbox 组件

① 新建基于 uni-ui 项目模板的 uni-app 项目，在项目的 pages 目录下新建页面，编写如下代码。

```
<template>
    <!--使用 v-model 指令双向绑定 uni-data-checkbox 组件的选中值 -->
    <uni-data-checkbox v-model="value" :localdata="options" multiple />
</template>
<script>
    export default {
        data() {
            return {
                value: ['draw'],  //选中的数据
                options: [{value: 'swim',text: '游泳'},
                        {value: 'draw',text: '绘画'},
                        {value: 'write',text: '写作'}
                ],
            }
        }
    }
</script>
```

② 在 pages.json 文件中修改页面的标题为"uni-data-checkbox 组件"。

2. 树类型数据

树类型数据是一个可遍历、可嵌套的数据集合，其中每条数据可以包含的基本属性如表 7-10 所示。

表 7-10 树类型数据的基本属性

属性	数据类型	默认值	说明
value	—	—	数据的值，必填项
text	String	—	显示的文字，必填项
selected	Boolean	false	是否默认选中
disable	Boolean	false	是否禁用
isleaf	Boolean	false	是否为叶子节点，取值为 true 时会忽略 children 子节点
children	Object	—	子节点，数据格式与父节点相同

同样，也可以根据应用需要自由扩展属性。

微课 7-4 使用 uni-data-picker 组件

【例 7-11】 编码将收货地址信息中地址选择的 uni-data-picker 组件做成数据组件，程序运行效果如图 7-14 所示，图 7-14（a）所示为选择城市的运行效果，图 7-14（b）所示为选择城区的运行效果。

(a) 选择城市的运行效果

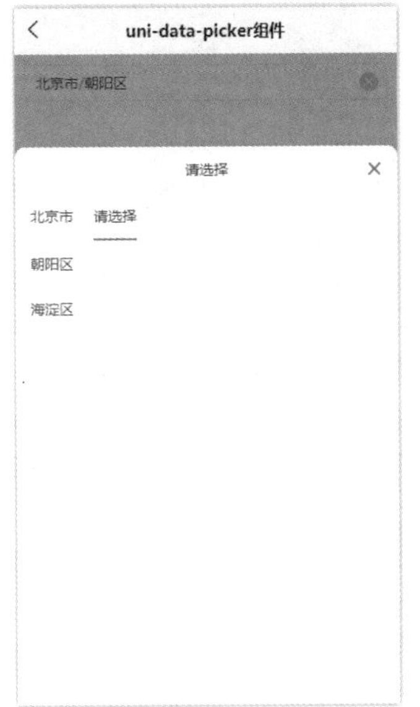

(b) 选择城区的运行效果

图 7-14 uni-data-picker 组件

① 新建基于 uni-ui 项目模板的 uni-app 项目，在项目的 pages 目录下新建页面，编写如下代码。

```
<template>
    <!-- 使用 v-model 指令双向绑定 uni-data-picker 组件的选中值 -->
    <uni-data-picker v-model="value" :localdata="items" />
</template>
<script>
```

```
    export default {
        data() {
            return {
                value: ["110000", "110105"],
                items: [{
                        "value": "110000",
                        "text": "北京市",
                        "children": [{"value": "110105","text": "朝阳区"},
                                     {"value": "110108","text": "海淀区"}]
                    },
                    {
                        "value": "210000",
                        "text": "上海市",
                        "children": [{"value": "210105","text": "徐汇区"},
                                     {"value": "210108","text": "嘉定区"}]
                    }
                ]
            }
        }
    }
</script>
```

② 在 pages.json 文件中修改页面的标题为“uni-data-picker 组件”。

模块小结

本模块介绍 uni-app 组件的用法，包括 view、scroll-view、navigator、swiper、swiper-item 组件和 uni-section、uni-icons、uni-grid 组件等。以 uni-data-checkbox 和 uni-data-picker 组件为例给出了数据组件的数据格式和用法。通过对这些常用组件的学习，读者应全面掌握 uni-app 组件的使用方法。本模块以典型任务加实例的方式示范了常用组件的应用场景和使用方法，深化了 uni-app 项目的开发，这些任务来源于真实项目，读者可在真实项目开发中借鉴使用。

课后习题

1．简述数据组件的数据格式。

2．简述能够做成数据组件的组件及其作为数据组件的使用方法。

3．简述使用滚动视图设计页面内容导航的实现方法。

4．简述 navigator 组件的用法。

5．以下哪个组件能够实现滚动视图？（　　）

A．view　　B．swiper　　C．scroll-view　　D．tab-view

6．以下哪个组件能够实现轮播图？（　　）

A．swiper　　B．scroll-view　　C．tab-view　　D．swiper-item

7．以下哪个组件能够实现宫格显示？（　　）

A．uni-grid　B．view　C．uni-grid-item　D．uni-icons

8．以下哪个组件是定义宫格显示内容的子组件？（　　）

A．view　B．swiper-item　C．uni-grid-item　D．uni-section

9．以下哪个组件是轮播显示内容的子组件？（　　）

A．view　B．swiper-item　C．uni-grid-item　D．uni-section

10．以下哪类组件不能做成数据组件？（　　）

A．radio　B．checkbox　C．select　D．input

课后实训

1．仿照本书的图书销售系统设计一个自己感兴趣的电子商务管理系统，并实现系统的商品模块，参考模块 6 的课后训练的底部导航，包含轮播图、内容导航、宫格推荐、商品详情 4 个页面，并实现商品的详情页面。

2．参考任务 7.1 实现商品模块的内容导航页面。

3．参考任务 7.2 实现商品模块的轮播图页面。

4．参考任务 7.3 实现商品模块的宫格推荐页面，完善商品详情页面，实现在宫格上单击跳转到指定商品的详情页面。

模块 8 uview-plus 组件

uni-app 是开源框架，支持非常多的第三方优秀组件，本模块介绍第三方视图设计组件 uview-plus。

【学习目标】

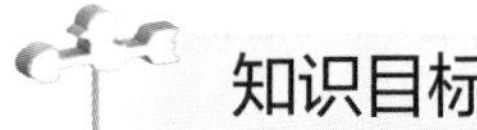

知识目标

- 掌握 uview-plus 组件的配置方法。
- 掌握 u-form、u-form-item、u-input 等组件的属性与用法，了解表单验证的方法。
- 掌握 u-tabs、u-loadmore、u-icon、u-search 等组件的属性与用法。
- 掌握 Http 请求中 get 和 post 请求的用法。

能力目标

- 具备使用 uview-plus 组件的能力。
- 具备使用 u-form、u-form-item 等组件获取用户输入数据的能力。
- 具备使用 u-tabs 组件设计页面选项卡的能力。
- 具备使用 Http 请求访问网络数据的能力。

素质目标

- 具有设计满足应用要求页面的素质。
- 具有设计页面选项卡和开发网络程序的素质。
- 具有人文审美素养和数据安全意识。

任务 8.1 使用 uview-plus 组件

安装 uview-plus 组件，并使用 u-toast 组件模拟用户登录成功后的操作，弹出登录成功的提示信息，如图 8-1 所示。然后在一定时间（使用默认值 2000ms）后自动跳转到系统首页。

图 8-1 登录成功的提示信息

8.1.1 uview-plus 组件概述

uview-plus 表示 uview 加上 plus。uview 的首字母 u 取自 uni-app 的首字母，uni-app 基于 Vue.js，Vue 与 view 同音，意为用户界面（User Interface，UI），有视图之意，同时 view 组件是 uni-app 的基础组件，也是最重要的组件之一。因此，uview 的第二个单词为 view，表示 uview 源于 uni-app 和 Vue，二者结合，得出 uview 的名字，同时，也表达对 uni-app 和 Vue.js 的感谢。plus 表示额外、升级。

uview-plus 是基于 uni-app 框架开发的组件，其遵循麻省理工学院（Massachusetts Institute of Technology，MIT）开源协议，不需要支付任何费用，也不需要授权就可以将 uview-plus 应用到任何产品中，当然，不包括非法的领域。

8.1.2 安装与配置 uview-plus 组件

1. 安装 uview-plus 组件

有两种安装 uview-plus 组件的方法，分别为下载安装和 NPM 安装。下载安装能使用户更方便地阅读源码，但是每次升级都需要重新下载并覆盖 uview-plus 目录；NPM 安装的方式升级更方便，但需要操作命令。二者各有利弊，本书面向初学者，使用下载安装的方式安装 uview-plus 组件。

本书基于 uview-plus 3.0，在 uni-app 组件市场右上角选择“下载插件并导入 HBuilderX”或“下载插件 ZIP”下载 uview-plus 组件到本地。如果是使用 HBuilderX 创建的标准 uni-app 项目，下载后的 uview-plus 目录将存放到项目的 uni_modules 目录中；如果是使用 vue-cli 模式创建的项目，下载后的 uview-plus 目录将存放到项目的 src 目录中。

本书使用“下载插件并导入 HBuilderX”的方法下载 uview-plus 组件到本地，下载时会提示选择待安装组件的项目，选择后会自动将 uview-plus 组件复制到项目的 uni_modules 目录中。

uview-plus 组件基于 Vue 3，所以使用 uview-plus 组件的 uni-app 项目也必须是 Vue 3 项目。

2. 配置 uview-plus 组件

uview-plus 组件安装后需要配置才能使用，本书以 HBuilderX 创建的标准 uni-app 项目为例给出配置方法，vue-cli 项目的配置原理与其一样，具体步骤可参阅官方文档。

（1）安装 scss

uview-plus 组件依赖 scss，使用 uview-plus 组件必须安装 scss 插件。在 HBuilderX 菜单的“工具”→“插件安装”中可以查看 scss 插件安装情况，如果已经安装，在“已安装插件”选项中可以找到“scss/sass 编译”选项，并且能够看到 scss 插件的版本信息；如果尚未安装，在“安装新插件”选项中搜索 scss，根据提示安装即可，安装后重启 HBuilderX 即可使之生效。

（2）将 uview-plus 组件导入主 js 库

在项目根目录的 main.js 文件中导入 uview-plus 组件，并使用 use()方法安装该组件，代码如下。

```
//#ifdef VUE3
import {createSSRApp} from 'vue'
import App from './App.vue'
//导入 uview-plus 组件
import uviewPlus from '@/uni_modules/uview-plus'
export function createApp() {
    const app = createSSRApp(App)
    //安装 uview-plus 组件
    app.use(uviewPlus)
    return {
        app
    }
}
//#endif
```

代码的书写位置应特别注意。

（3）导入 uview-plus 组件的全局 scss 主题文件

在项目根目录的 uni.scss 文件中导入 uview-plus 组件的全局 scss 主题文件，导入代码如下。

```
@import '@/uni_modules/uview-plus/theme.scss';
```

（4）导入 uview-plus 组件基础样式

在项目根目录的 App.vue 文件中导入 uview-plus 组件的基础样式，需要注意的是应在 App.vue 文件中首行位置导入，且必须给 style 元素加上 lang="scss"属性，代码如下。

```
<style lang="scss">
    @import "@/uni_modules/uview-plus/index.scss";
</style>
```

（5）使用 NPM 安装依赖库

在 uni-app 项目上右击，选择“使用命令行窗口打开所在目录”，打开 cmd 命令窗口，依次执行如下两个命令。

```
npm i dayjs
npm i clipboard
```

（6）配置 easycom 组件引用机制

uview-plus 使用 easycom 组件引用机制，在项目根目录的 pages.json 文件中配置 easycom 组件引用机制，pages.json 文件是一个 json 对象，配置代码是 json 对象的第一个选项，代码及相对位置如下：

```
    "custom": {
        "^u--(.*)": "@/uni_modules/uview-plus/components/u-$1/u-$1.vue",
        "^up-(.*)": "@/uni_modules/uview-plus/components/u-$1/u-$1.vue",
        "^u-([^-].*)": "@/uni_modules/uview-plus/components/u-$1/u-$1.vue"
    },
    "pages": [
        //……
    ]
```

uni-app 为了调试性能，将 easycom 组件引用机制的规则修改为不能实时生效，配置完后，需要重启 HBuilderX 或者重新编译项目才能正常使用 uview-plus 组件的功能。pages.json 文件中应只有一个 easycom 字段，需要引入多个规则时应首先合并规则。

easycom 组件引用机制需要 HBuilderX 2.5.5 及以上版本才支持，建议使用时升级 HBuilderX 版本到 2.5.5 及以上。

通过以上步骤安装配置完 uview-plus 组件后，在页面中就可以直接使用组件了，无须再通过 import 导入组件，接下来以 u-toast 组件的使用为例给出 uview-plus 组件的使用方法。

8.1.3　u-toast 组件

u-toast 是一个消息提示组件，类似于 uni 的 uni.showToast API，使用非常方便。该组件包含一个 show()方法，用于显示提示信息，方法参数说明如表 8-1 所示。

表 8-1　u-toast 组件中 show()方法的参数说明

参数	数据类型	默认值	说明
message	String | Number	—	显示的文本
type	String	—	主题类型，可选值为 primary | success |error |loading
duration	String | Number	2000	u-toast 组件的持续时间，单位为 ms
params	Object	—	u-toast 组件结束后跳转的 url 对象
icon	String	—	图标或者图像的绝对路径
position	String	center	u-toast 组件出现的位置，可选值为 center | top | bottom
complete	Function	null	u-toast 组件结束后的回调函数

【任务实现】

微课8-1 使用uview-plus组件

1. 任务设计

① 创建基于uni-ui项目模板的uni-app项目,安装并配置uview-plus组件。

② 使用u-toast组件。

2. 任务实施

① 创建基于uni-ui项目模板的uni-app项目，按8.1.2节相关步骤安装并配置uview-plus组件（插件），在pages目录下创建页面文件，编写如下代码。

```
<template>
    <view>
        <u-toast ref="uToast" />
    </view>
</template>
<script>
    export default {
        onReady() {
            this.$refs.uToast.show({
                //rest参数，见本书2.2.1节
                ...{
                    type: 'success',
                    message: "登录成功，欢迎您！"
                },
                //回调函数,可以不写
                complete() {
                }
            })
        }
    }
</script>
```

② 在pages.json文件中修改页面的标题为“使用uview-plus组件”。

由于在uni-app中无法通过js创建元素,所以在页面中调用的u-toast组件需要通过ref属性开启，以方便在js代码中进行调用。

ref属性不能在页面的onLoad()函数中调用，因为此时组件尚未创建完毕，会报错，因此，这里在onReady()函数中调用。

任务 8.2　验证用户注册信息

使用表单组件实现一个图 8-2 所示的验证用户注册信息程序，用户名、手机号码使用单行文本输入，密码通过密码框输入，程序运行效果如图 8-2 所示，单击“注册”按钮时对用户输入信息进行验证，要求所有信息都必填，且输入的手机号码格式正确，密码长度不小于 6。

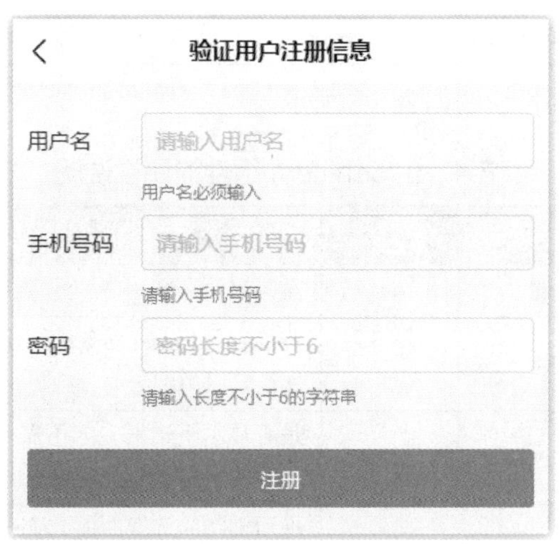

图 8-2　验证用户注册信息程序

8.2.1　u-form 组件与 u-form-item 组件

u-form 组件一般用于表单验证，包含若干个表单域，每一个表单域是一个 u-form-item 组件，u-form-item 组件中可以放置 u-input、u-checkbox、u-radio、u-switch 等组件。u-form 组件的属性说明如表 8-2 所示。

表 8-2　u-form 组件的属性说明

属性	数据类型	默认值	说明
model	Object	—	表单数据对象，对象的属性为各个 u-form-item 组件的对应变量
rules	Object|Function|Array	—	通过 ref 属性设置表单验证规则，在 8.2.3 节中详细介绍
error-type	String	message	错误的提示方式，可选值为 none|toast
border-bottom	Boolean	true	是否显示表单域的下划线边框
label-position	String	left	提示文字的位置，可选值为 left|top
label-width	String | Number	45	提示文字的宽度，单位为 rpx
label-style	Object	—	提示文字的样式
label-align	String	left	提示文字的对齐方式，可选值为 center | right | left

u-form 组件的方法说明如表 8-3 所示。

表 8-3　u-form 组件的方法说明

方法	说明
setRules()	setRules(rules)，设置校验的规则，参数 rules 定义校验规则
resetFields()	重置表单，将所有字段值重置为初始值并移除校验结果
validate()	validate(callback: Function(boolean))，校验表单，参数 callback 定义校验回调函数

u-form-item 组件的属性说明如表 8-4 所示。

表 8-4　u-form-item 组件的属性说明

属性	数据类型	默认值	说明
label	String	—	左侧提示文字
prop	String	—	传给表单 model 对象的属性名，如果需要表单验证，此属性是必填的
border-bottom	String | Boolean	true	是否显示下边框，如不需要下边框，需同时将 u-form 组件的同名参数设置为 false
label-width	String | Number	—	提示文字的宽度，单位为 rpx，如果设置，将覆盖 u-form 组件的同名参数
right-icon	String	—	右侧自定义字体图标（限 uview-plus 组件的内置图标）或图像地址
left-icon	String	—	左侧自定义字体图标（限 uview-plus 组件的内置图标）或图像地址
left-icon-style	String | Object	—	左侧图标的样式，对象值
required	Boolean	false	是否显示左边的“*”，这里仅起提示作用，校验必填项还应通过 rules 规则进行配置

8.2.2　u-input 组件

u-input 组件是一个输入框，默认没有边框和样式，是专门为配合 u-form 组件而设计的，能够快速实现表单验证、输入内容、下拉选择等功能。其常用属性说明如表 8-5 所示。

表 8-5　u-input 组件的常用属性说明

属性	数据类型	默认值	说明
type	String	text	设置输入框的类型，取值说明如下。 text：文本框。 number：数字输入键盘。 idcard：身份证输入键盘。 digit：带小数点的数字键盘。 password：密码安全输入键盘

续表

属性	数据类型	默认值	说明
clearable	Boolean	false	是否显示右侧的清除图标
value	Number | String	—	输入的值
input-align	String	left	输入框文字的对齐方式，可选值为 center |right
placeholder	String	—	占位提示的显示信息
disabled	Boolean	false	是否禁用输入框
maxlength	String | Number	140	输入框的最大可输入长度，设置为 -1 的时候不限制最大长度
placeholder-style	String | Object	color: #c0c4cc	placeholder 属性的样式，字符串形式，如 “color: red;”
confirm-type	String	done	设置键盘右下角按钮的文字，仅在 type 属性值为 text 时生效，可选值为 send | search | next | go | done
custom-style	Object	—	定义需要用到的外部样式
focus	Boolean	false	是否自动获得输入焦点
password	Boolean	false	是否为密码框

由于在 nvue 下，u-input 的名称被 uni-app 占用，所以在 uview2 中将其书写为 u--input，在 uview-plus 中将其书写为 up-input，但是保留了对 u-input 和 u--input 的兼容。up-input 组件需要嵌套在 u-form 组件和 u-form-item 组件中。

u-input 组件的常用事件如表 8-6 所示。

表 8-6 u-input 组件的常用事件

事件	说明
blur	输入框失去焦点时触发，参数为 value 属性的值
focus	输入框获得焦点时触发
confirm	单击完成按钮时触发，参数为 value 属性的值
change	输入内容发生变化时触发，参数为 value 属性的值

u-form 组件、u-form-item 组件和 up-input 组件统称为表单组件。

【例 8-1】 使用表单组件设计一个填写用户注册信息的页面，程序运行效果如图 8-3 所示。

表单组件

用户名 请输入用户名

手机号码 请输入手机号码

密码 密码长度不小于6位字符

注册

图 8-3 填写用户注册信息

参考任务 8.1 创建基于 uni-ui 项目模板的 uni-app 项目，为项目安装 uview-plus 组件并配置，在项目的 pages 目录下新建页面，编写如下代码。

```
<template>
    <view class="frmWrap">
        <u-form :model="form" ref="uForm" label-width=80>
            <u-form-item label="用户名">
                <u-input v-model="form.name" clearable
                    placeholder="请输入用户名"/>
            </u-form-item>
            <u-form-item label="手机号码">
                <u-input v-model="form.phone" type="number"
                    placeholder="请输入手机号码" clearable />
            </u-form-item>
            <u-form-item label="密码">
                <u-input v-model="form.pass" type="password"
                    placeholder="密码长度不小于 6 位字符" clearable />
            </u-form-item>
            <u-button type="primary" @click="save">
                注册
            </u-button>
        </u-form>
    </view>
</template>
<script>
    export default {
        data() {
            return {
                //定义 u-form 组件绑定的数据
```

```
            form: {
                name: '',
                phone: '',
                pass: ''
            }
        }
    },
    methods: {
        //注册按钮单击事件
        save() {
            //将 from 对象用 JSON 函数转换为字符串输出
            console.log(JSON.stringify(this.form));
        }
    }
}
</script>
<style>
    .frmWrap {
        padding: 10px;
    }
</style>
```

在 pages.json 文件修改页面的标题为“表单组件”。

8.2.3　表单验证

表单需要验证时，必须设置 u-form-item 组件的 prop 属性，prop 属性的取值为 u-form 组件中 model 属性绑定对象的属性名。对表单绑定验证规则时需要通过 ref 属性访问 u-form 组件，所以还需要给 u-form 组件声明 ref 属性。

验证规则是一个对象，该对象的属性名为 u-form-item 组件中 prop 属性的值。验证规则的每一个属性验证一个对应的 u-form-item 组件，属性取值为一个验证规则集合，用数组定义，数组的每一个元素定义一条验证规则，可以对若干属性进行验证，常用验证属性如表 8-7 所示。

表 8-7　表单验证的属性

属性	数据类型	默认值	说明
trigger	String | Array	—	触发校验的方式，有两种取值，说明如下。 change：字段值发生变化时触发校验。 blur：输入框失去焦点时触发校验。 如果同时监听两种方式，需要写成数组形式：['change', 'blur']

续表

属性	数据类型	默认值	说明
type	String	—	验证数据的类型，可选值为 String|number|Boolean|method|regexp|integer|float|array|object|enum|date|url|hex|email|any
required	Boolean	—	布尔型数据，校验必填，配置此属性不会显示输入框左边的必填星号，如需要星号，可设置 u-form-item 组件的 required 属性值为 true
pattern	String	—	验证的正则表达式，组件会使用该表达式对字段进行正则判断，并返回结果
min	Number	—	最小值，如果字段类型为字符串和数组，会取字符串长度与数组长度（length）与 min 比较，如果字段是数值，则直接与 min 比较
max	Number	—	最大值，规则同 min
len	Number	—	指定长度，规则同 min，优先级高于 min 和 max
whitespace	Boolean	—	如果字段值内容都为空格，默认无法通过 required: true 校验，如果允许通过，需要将此属性的值设置为 true
transform	Function	—	校验前对字段值进行转换的函数，函数的参数为当前值，返回值为改变后的值
message	String	—	校验不通过时的提示信息
validator	Function	—	validator (rule, value, callback)，自定义同步校验函数，参数说明如下。 rule：当前校验字段在 rules 中对应的校验规则。 value：当前校验字段的值。 callback：校验完成时的回调，一般无须执行 callback()函数，返回 true（校验通过）或者 false（校验失败）即可
asyncValidator	Function	—	asyncValidator (rule, value, callback)，自定义异步校验函数，参数说明如下。 rule：当前校验字段在 rules 中对应的校验规则。 value：当前校验字段的值。 callback：校验完成时的回调函数，执行完异步操作后，如果不通过，需要执行 callback()函数给出错误提示，如果校验通过，执行 callback()函数后给出返回结果

此外，uview-plus 组件在 js 板块的 Test 规则校验中还有大量的内置规则方法，这些规则方法挂载在$u.test()方法下面，通过$u.test()方法进行访问。例如，判断手机号码格式是否正

确的校验方法为$u.test.mobile(value)。这些规则方法对表单验证来说属于自定义规则方法，需要通过 validator()自定义验证函数调用。uview-plus 组件在 js 板块中常用的 Test 规则校验方法如表 8-8 所示。

表 8-8　常用的 Test 规则校验方法

方法	说明
code()	code(value, len = 6)，校验是否为验证码（要求为数字），返回 true 或者 false。参数说明如下。 value：验证码字符串。 len：验证码长度，默认长度为 6
array()	array(array)，校验是否为数组，返回 true 或者 false
jsonString()	jsonString(json)，校验是否为 json 字符串，要求整体为一个字符串，字符串内的属性用双引号（""）包含，返回 true 或者 false
object()	object(object)，校验是否为对象，返回 true 或者 false
email()	email(email)，校验是否为邮箱码，返回 true 或者 false
mobile()	mobile(mobile)，校验是否为手机号码，返回 true 或者 false
url()	url(url)，校验是否为 URL，返回 true 或者 false
empty()	empty(value)，校验值是否为空，返回 true 或者 false。这里的“空”包含如下几种情况。 值为 undefined，非字符串“undefined”。 字符串长度为 0，即空字符串。 值为 false（布尔型），非字符串“false”。 值为数值 0（非字符串“0”），或者 NaN。 值为 null，空对象{}，或者长度为 0 的数组
date()	date(date)，验证一个字符串是否为日期，年月日之间可以用“/”或者“-”分隔（不能用中文分隔），时分秒之间用“:”分隔，数值不能超出范围，如月份不能为 13。返回 true 或者 false
number()	number(number)，验证是否为十进制数值，整数、小数、负数、带千分位的数（2,359.08）等可以检验通过，返回 true 或者 false
digits()	digits(number)，验证是否为整数，所有字符都在 0~9，才校验通过，返回 true 或者 false
idCard()	idCard(idCard)，验证是否为身份证号，包括尾数为“X”的类型，可以校验通过，返回 true 或者 false
range()	range(number, range)，验证数值是否在某个范围内，结果返回 true 或者 false，参数说明如下。 number：待验证的值。 range：值的范围，数组型数据
rangeLength()	rangeLength(str, range)，验证字符串长度是否在某个范围内，返回 true 或者 false，参数说明如下。 str：待验证的字符串。 range：字符串长度的范围，数组型数据

在验证规则定义完毕后，需要在 onReady()函数中通过调用组件的 setRules()方法将验证规则绑定到组件，并在应用中通过调用组件的 validate()方法启动验证，才能完成对组件的验证。

【任务实现】

1. 任务设计

本任务在例 8-1 的基础上进行完善，根据任务要求增加相关的验证规则。

2. 任务实施

为例 8-1 增加验证规则，完成本节任务。

① 为 3 个 u-form-item 组件增加 prop 属性，属性取值分别为 name、phone 和 pass。

② 修改脚本代码，具体如下。

```
<script>
    export default {
        data() {
            return {
                //定义表单绑定的数据
                form: {
                    name: '',
                    phone: '',
                    pass: ''
                },
                //定义校验规则
                rules: {
                    name: [{
                        required: true,
                        message: '用户名必须输入',
                        trigger: ['blur']
                    }],
                    phone: [{
                            required: true,
                            message: '请输入手机号码',
                            trigger: ['blur']
                        },
                        {
                            //自定义验证函数，验证手机号码格式
                            validator: (rule, value, callback) => {
                                //验证是否为手机号码格式，并返回验证结果
                                return uni.$u.test.mobile(value);
                            },
                            message: '请输入手机号码',
                            // 触发器可以同时用 blur 和 change
```

```
                        trigger: ['change', 'blur'],
                    }
                ],
                pass: [{
                    required: true,
                    min: 6,
                    message: '请输入长度不小于 6 的字符串',
                    trigger: ['change', 'blur']
                }]
            }
        }
    },
    onReady() {
        //添加验证规则
        this.$refs.uForm.setRules(this.rules);
    },

    methods: {
        save() {
            this.$refs.uForm.validate().then(res => {
                uni.$u.toast('校验成功')
            }).catch(errors => {
                uni.$u.toast('校验失败')
            })
        }
    }
};
</script>
```

③ 在 pages.json 文件中修改页面的标题为“验证用户注册信息”。

需要对表单进行验证时，必须设置 u-form-item 组件的 prop 属性，且属性取值应为 u-form 组件中 model 属性绑定对象的属性名。

任务 8.3 设计订单查看程序

设计一个图 8-4 所示的订单查看程序，初始显示“待付款”选项卡的内容，如图 8-4（a）所示；单击底部的“加载更多”加载更多订单，并显示加载状态，如图 8-4（b）所示；继续上滑，加载完规定的数据后显示“没有更多了”的数据状态，如图 8-4（c）所示；在顶部选项卡处单击即可实现切换页面，单击“待收货”选项卡时显示待收货的订单，如图 8-4（d）所示。

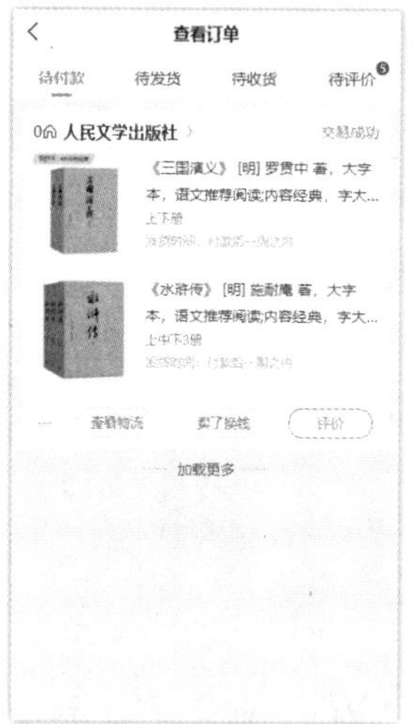
(a)“待付款”选项卡

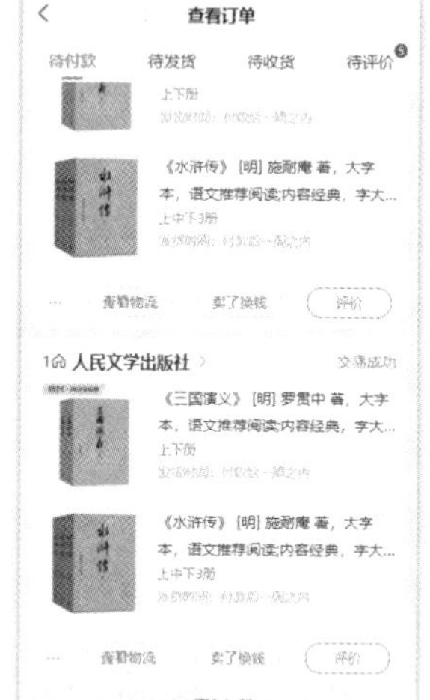
(b) 加载状态

微课 8-3 设计订单查看程序

(c) 加载完毕

(d)“待收货”选项卡

图 8-4 订单查看程序

8.3.1 u-tabs 组件

u-tabs 组件能够实现左右滑动的效果，结合 uni-app 的 swiper 组件能够实现页面切换。u-tabs 组件的常用属性说明如表 8-9 所示。

表 8-9 u-tabs 组件的常用属性说明

属性	数据类型	默认值	说明
scrollable	Boolean	true	组件的内容是否可以左右滑动，默认值为 true。一般 4 个及以下标签时不需要滑动，设置为 false，5 个及以上标签时设置为左右滑动，使用默认值即可

续表

属性	数据类型	默认值	说明
list	Array	—	组件的内容，是一个标签数组，数组中每个元素为一个对象。对象包含 name 属性和 badge 属性，name 属性用于定义标签的内容，badge 属性用于定义标签的提示数据
current	String | Number	0	指定哪个标签项处于活动状态，默认值为 0，即 list 属性的第一项处于活动
inactive-style	String | Object	{color: #606266' }	定义不活动标签项的样式
line-width	String | Number	20	滑块宽度，单位为 rpx
line-height	String | Number	3	滑块高度，单位为 rpx
key-name	String	name	list 属性值中数组元素的属性名
item-style	String | Object	{ height: '44px' }	定义标签项的样式
active-style	String | Object	{color: #303133' }	定义当前活动标签项的样式

u-tabs 组件的常用事件如表 8-10 所示。

表 8-10　u-tabs 组件的常用事件

事件	说明
click	单击标签时触发，有两个参数，index：标签索引值，item：传入的其他值
change	活动标签切换时触发，参数为活动标签项，tabItem：{index:标签索引值，...item：传入的其他值}

【例 8-2】 使用 u-tabs 组件实现订单管理页面，程序运行效果如图 8-5 所示，初始显示待付款订单列表，如图 8-5（a）所示，单击“待收货”选项卡时滑动显示待收货的订单，如果还没有下过单给出无订单提示，如图 8-5（b）所示。

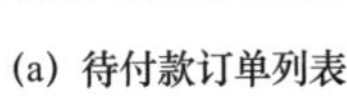
(a) 待付款订单列表　　(b) 无订单提示

图 8-5　订单管理页面

参考任务 8.1 创建基于 uni-ui 项目模板的 uni-app 项目，为项目安装 uview-plus 组件并配置，在项目的 static 目录下准备“img.png”图像资源，在项目的 pages 目录下新建页面，编写如下代码。

```
<template>
    <view class="wrap">
        <u-tabs ref="tabs" :list="list" :item-style="itemstyle"
            @change="change"  class="u-tabs-box"/>
        <swiper class="swiper-box" :current="swiperCurrent">
            <swiper-item class="swiper-item">待付款订单列表</swiper-item>
            <swiper-item class="swiper-item">待发货订单列表</swiper-item>
            <swiper-item class="swiper-item">
                <scroll-view scroll-y style="height:100%;width:100%;">
                    <view class="centre">
                        <image src="../static/img.png" />
                        <view class="explain">
                            您还没有相关的订单
                            <view class="tips">看看有哪些想买的吧</view>
                        </view>
                        <view class="btn">随便逛逛</view>
                    </view>
                </scroll-view>
            </swiper-item>
            <swiper-item class="swiper-item">待评价订单列表</swiper-item>
        </swiper>
    </view>
</template>
<script>
    export default {
        data() {
            return {
                list: [
                    {name: '待付款'},
                    {name: '待发货'},
                    {name: '待收货'},
                    {name: '待评价', badge: {value:5}}
                ],
                swiperCurrent: 0
                itemstyle:{
                    width:'68px',
                    height:'44px'
                }
            }
        },
```

```
        methods: {
            // u-tabs 通知 swiper 切换
            change(object) {
                this.swiperCurrent = object.index;
            }
        }
    }
</script>
```

如果标签的数据从后端获取，数据中不一定会有 name 属性，这时候可以通过给 u-tabs 组件设置 key-name 属性将数据与标签关联。

【例 8-3】 修改例 8-2 中标签的数据，为 u-tabs 组件设置 key-name 属性，实现与例 8-2 同样的效果。

为 u-tabs 组件增加 key-name= “state_name” 的属性。

修改 list 数据的值，具体如下。

```
    list: [
        {state_name: '待付款'},
        {state_name: '待发货'},
        {state_name: '待收货'},
        {state_name: '待评价',  badge: {value: 5}}
    ],
```

key-name 属性值中不允许出现减号，应使用居下的短横线。

8.3.2 u-loadmore 组件

1. 组件基本定义

u-loadmore 组件用于加载更多数据，能够标识页面底部加载数据时的状态，改善用户的体验。u-loadmore 组件的属性说明如表 8-11 所示。

表 8-11　u-loadmore 组件的属性说明

属性	数据类型	默认值	说明
status	String	—	设置组件状态，可以在页面的 onReachBottom()函数中修改组件的状态。取值说明如下。 loadmore：加载前。 loading：加载中。 nomore：加载完毕
icon	Boolean	true	处于加载中状态时是否显示图标
is-dot	Boolean	false	status 属性的值为 nomore 时内容显示为一个“●”

续表

属性	数据类型	默认值	说明
loadingIcon	String	circle	加载中的图标，还可以取 spinner 或 semicircle 值
loadmoreText	Object	加载更多	加载前的提示语
loadingText	Object	正在加载...	加载中的提示语
nomoreText	Object	没有更多了	加载完成的提示语

【例 8-4】 使用 u-loadmore 组件和定时事件模拟数据加载的 3 种状态，程序运行效果如图 8-6 所示，图 8-6（a）所示为初始显示效果，图 8-6（b）所示为正在加载的显示效果，图 8-6（c）所示为加载完毕的显示效果。

(a) 初始显示效果　　(b) 正在加载的显示效果　　(c) 加载完毕的显示效果

图 8-6 数据加载状态

参考任务 8.1 创建基于 uni-ui 项目模板的 uni-app 项目，为项目安装 uview-plus 组件并配置，在项目的 pages 目录下新建页面，编写如下代码。

```
<template>
    <view class="wrap">
        <view class="item u-border-bottom"
              v-for="(item, index) in list" :key="index">
            {{'第' + item + '条数据'}}
        </view>
        <u-loadmore :status="status" />
    </view>
</template>
<script>
```

```
    export default {
        data() {
            return {
                status: 'loadmore',
                //定义初始显示的数据
                list: 13,
                page: 0
            }
        },
        //页面加载到底部的事件
        onReachBottom() {
            //设置数据加载的最大数量为 4 页
            if (this.page >= 3) {
                this.status = 'nomore';
                return;
            }
            else {
                this.status = 'loading';
                this.page = ++this.page;
                //使用定时器模拟异步加载的效果
                setTimeout(() => {
                    //每次上滑加载 10 条数据
                    this.list += 10;
                }, 2000);
            }
        },
    }
</script>
<style lang="scss" scoped>
    .wrap {
        padding: 70rpx;
    }
    .item {
        padding: 24rpx 0;
        font-size: 28rpx;
    }
</style>
```

2. 手动加载更多

u-loadmore 组件包含 loadmore()事件，当组件状态为 loadmore 时，单击组件会触发此事件，可以通过为组件添加此事件来改善页面的显示效果。在例 8-4 中，设置了组件每页显示的数据为 13 条，同时设置了 u-loadmore 组件的 padding 属性，这两个设置是为了保证页面中数据满一页，同时能够显示出“加载更多”的状态，实际上不够友好。在有的调试工具中可能会不显示“加载更多”的状态，或没办法上滑加载更多数据，这时候就可以使用 loadmore()事件改善页面的显示效果，在 loadmore()事件中加载数据可以确保数据加载满一页，能够触发页面的 onReachBottom()事件，并将 u-loadmore 组件的状态修改为 loading。

【例 8-5】　修改例 8-4，为 u-loadmore 组件添加 loadmore()事件改善页面的显示效果。

修改组件定义代码，具体如下。

```
<u-loadmore :status="status" @loadmore="loadmore" />
```

添加事件响应代码，具体如下。

```
methods: {
    loadmore() {
        this.status = 'loading';
        this.page = ++this.page;
            //使用定时器模拟异步加载的效果
            setTimeout(() => {
                //每次上滑加载 10 条数据
                this.list += 10;
            }, 2000);
    }
}
```

【例 8-6】　修改例 8-5，自定义 u-loadmore 组件的状态提示信息，查看页面的显示效果。

修改组件定义代码，具体如下。

```
<u-loadmore :status="status" @loadmore="loadmore"
    :loading-text="loadingText" :loadmore-text="loadmoreText"
    :nomore-text="nomoreText" />
```

在 Vue 实例的数据选项中增加相关数据，代码如下。

```
loadingText: '加载更多',
loadmoreText: '正在加载',
nomoreText: '没有更多了'
```

8.3.3　u-icon 组件

u-icon 组件用于定义基于字体的图标集，用法与 uni-app 的 uni-icons 组件类似。使用 u-icon 组件时设置 name 属性的值为图标的名称即可，一般为 png 格式的正方形图标，图标名称中不能带有斜线（/）符号，除非是传入图像图标。uview-plus 组件内置了大量的图标，也可以扩展自定义图标。使用 u-icon 组件时还可以通过 color 属性修改图标的颜色，size 属性修改图标的大小，单位为 rpx。

【例 8-7】　使用 u-icon 组件显示一组图标，程序运行效果如图 8-7 所示。

图 8-7　使用 u-icon 组件显示图标

参考任务 8.1 创建基于 uni-ui 项目模板的 uni-app 项目，为项目安装 uview-plus 组件并配置，在项目的 pages 目录下新建页面，编写如下代码。

```
<template>
    <view class="wrap">
        <u-icon name="home" size="100" class="item"></u-icon>
        <u-icon name="cut" size="100" class="item"></u-icon>
        <u-icon name="star" size="100" class="item"></u-icon>
        <u-icon name="volume" size="100" class="item"></u-icon>
    </view>
</template>
```

【任务实现】

1. 任务设计

① 本任务是一个模拟项目，简单起见，数据直接放在了脚本中，只模拟了两条数据，真实项目开发中建议参考模块 7 的相关任务将数据放在单独的数据文件里，方便管理。

② 由于本任务只模拟了两条数据，因此加载更多时使用 JSON（参见附录 2）和数组方法对现有的两条数据进行了复制、添加。

③ 实现了“待付款”选项卡，其他选项卡可以参照其实现，原理一样。

2. 任务实施

① 参考任务 8.1 创建基于 uni-ui 项目模板的 uni-app 项目，为项目安装 uview-plus 组件并配置，在项目的 static 目录下准备“img1.jpg”“img2.jpg”和“img.png”，在项目的 pages 目录下新建页面，编写如下代码。

```
<template>
    <view class="wrap">
        <u-tabs ref="tabs" :list="list" :item-style="itemstyle"
            @change="change"  class="u-tabs-box">
        </u-tabs>
        <swiper class="swiper-box" :current="swiperCurrent">
            <swiper-item class="swiper-item">
                <scroll-view scroll-y style="height: 100%;"
                    @scrolltolower="reachBottom">
                    <view class="order" v-for="(item, index) in orderList"
                        :key="item.id">
                        <!-- 顶部出版社信息 -->
                        <view class="top">
                            <view class="left">{{item.id}}
                                <u-icon name="home" :size="30"></u-icon>
                                <view class="store">{{ item.store }}</view>
                                <u-icon name="arrow-right" :size="26"></u-icon>
                            </view>
                            <view class="right">{{ item.deal }}</view>
                        </view>
```

```
                    <!-- 中间图书信息 -->
                    <view class="item" v-for="(item, index) in item.goodsList"
                        :key="index">
                        <view class="left">
                            <image :src="item.goodsUrl" mode="aspectFill"/>
                        </view>
                        <view class="content">
                            <view class="title u-line-2">
                                {{ item.title }}
                            </view>
                            <view class="type">{{ item.type }}</view>
                            <view class="delivery-time">
                                发货时间：{{ item.deliveryTime }}
                            </view>
                        </view>
                    </view>
                    <!--底部按钮-->
                    <view class="bottom">
                        <view class="more">
                            <u-icon name="more-dot-fill" />
                        </view>
                        <view class="logistics btn">查看物流</view>
                        <view class="exchange btn">卖了换钱</view>
                        <view class="evaluate btn">评价</view>
                    </view>
                </view>
                <u-loadmore :status="status" @loadmore="loadmore" />
            </scroll-view>
        </swiper-item>
        <swiper-item class="swiper-item">待发货订单列表</swiper-item>
        <swiper-item class="swiper-item">
            <scroll-view scroll-y style="height: 100%;">
                <view class="centre">
                    <image src="../static/img.png">
                    </image>
                    <view class="explain">
                        您还没有相关的订单
                        <view class="tips">看看有哪些想买的吧</view>
                    </view>
                    <view class="btn">随便逛逛</view>
                </view>
            </scroll-view>
        </swiper-item>
        <swiper-item class="swiper-item">待评价订单列表</swiper-item>
    </swiper>
```

```
    </view>
</template>
<script>
    export default {
        data() {
            return {
                status: 'loadmore',
                list: [{name: '待付款'},
                    {name: '待发货'},
                    {name: '待收货'},
                    {name: '待评价', badge: {value: 5}}],
                id: 0,
                swiperCurrent: 0,
                itemstyle:{
                    width:'68px',
                    height:'44px'
                },
                orderList: [],
                //定义一个模拟数据,模拟网络获取的订单数据
                dataList: {
                    id: 0,
                    store: '人民文学出版社',
                    deal: '交易成功',
                    goodsList: [{
                            goodsUrl: '../static/img1.jpg',
                            title: '《三国演义》……',
                            type: '上下册',
                            deliveryTime: '付款后一周之内'
                        },
                        {
                            goodsUrl: '../static/img2.jpg',
                            title: '《水浒传》……',
                            type: '上中下 3 册',
                            deliveryTime: '付款后一周之内'
                        }
                    ]
                }
            }
        },
        //在页面加载生命周期函数中加载数据
        onLoad() {
            this.addData();
        },
        methods: {
            //添加一条显示数据
```

```
            addData() {
                let data = JSON.parse(JSON.stringify(this.dataList));
                data.id = this.id++;
                this.orderList.push(data);
            },
            //通知 swiper-item 组件跟随 u-tabs 组件切换
            change(object) {
                this.swiperCurrent = object.index;
            },
            loadmore() {
                this.status = 'loading';
                //加载一条显示数据
                setTimeout(() => {
                    this.addData();
                }, 1000);
            },
            reachBottom() {
                //设定最多加载 4 条数据
                if (this.orderList.length > 3) {
                    this.status = 'nomore';
                    return;
                }
                else {
                    this.status = 'loading';
                    setTimeout(() => {
                        //加载一条显示数据
                        this.addData();
                    }, 1000);
                }
            }
        }
    }
</script>
```

② 在 pages.json 文件中修改页面的标题为“查看订单”。

③ 样式代码设计请参考教材资源。

任务 8.4　设计天气服务程序

微课 8-4　设计天气服务程序

设计一个图 8-8 所示的天气服务程序，初始显示效果如图 8-8（a）所示，输入指定中国天气城市代码，例如输入北京的代码 101010100 后显示北京的天气情况，如图 8-8（b）所示。

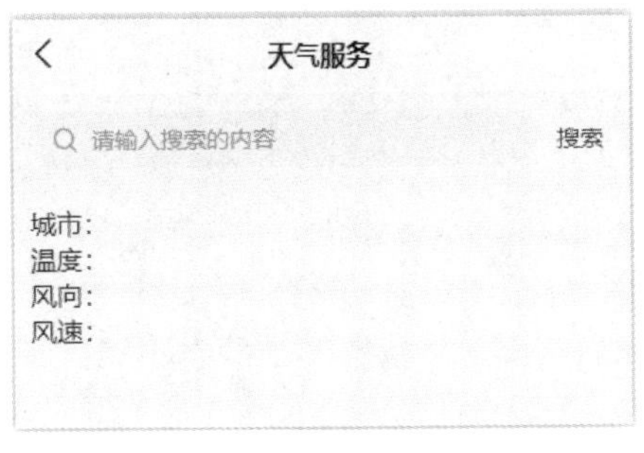

(a) 初始显示效果

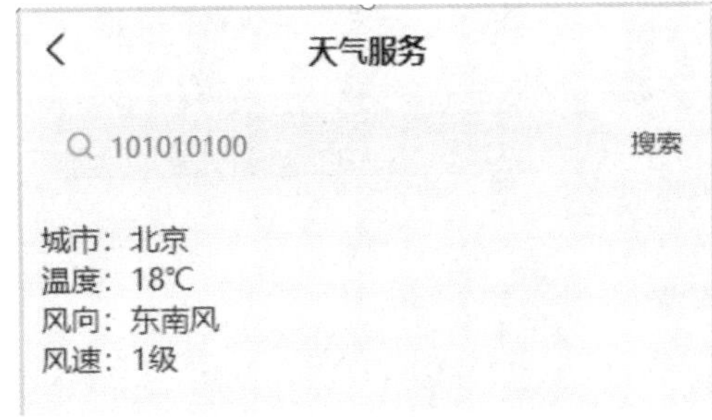

(b) 北京的天气情况显示效果

图 8-8 天气服务程序

8.4.1 Http 请求

1. 基本定义

uview-plus 组件提供了简单易用的 Http 请求，包括 get、post、put 和 delete，适用于一般的请求场景，语法格式如下。

```
get | post | put | delete(url, params, header).then(res => {}).catch(res => {})
```

Http 请求在 then()方法中接收返回的数据，无特殊情况时 catch()方法可以不处理，请求的参数说明如下。

url：请求的 URL，可以是完整的以 http 开头的 URL，也可以仅是路径的一部分，自动拼接 API 域名部分的 baseURL。

params：对象形式的请求参数，是可选参数。

header：对象形式的请求 header，是可选参数，建议通过配置写入。

get 请求和 post 请求都挂载在$u 对象下，get 请求的所有参数都在其第 2 个参数中，post 请求的第 2 个参数为 params，第 3 个参数为配置项。

【例 8-8】 使用 get 请求获取天气服务数据并显示，程序运行效果如图 8-9 所示。

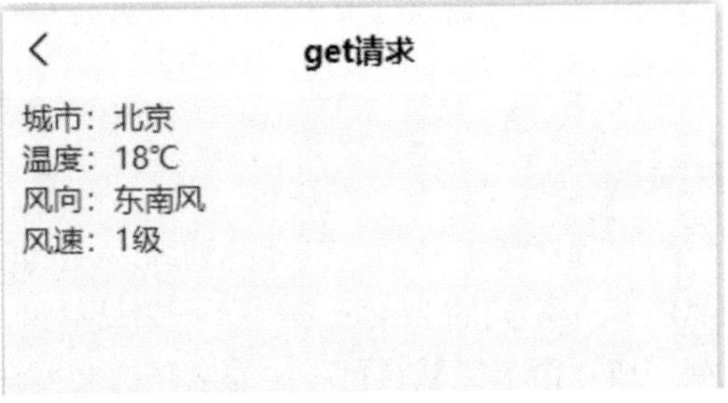

图 8-9 使用 get 请求获取天气服务数据并显示

参考任务 8.1 创建基于 uni-ui 项目模板的 uni-app 项目，为项目安装 uview-plus 组件并配置，在项目的 pages 目录下新建页面，编写如下代码。

```
<template>
    <view class="wrap">
        <view>城市：{{city}}</view>
        <view>温度：{{temp}}</view>
```

```
        <view>风向：{{WD}}</view>
        <view>风速：{{WS}}</view>
    </view>
</template>
<script>
    export default {
        data() {
            return {
                city: '',
                temp: '',
                WD: '',
                WS: ''
            }
        },
        onLoad() {
            // 访问天气服务 API，获取北京的天气数据
            uni.$u.http.get('http://www.weather.com.cn/data/sk/101010100.html')
                .then(res => {
                    //使用服务端返回的数据 res
                    this.city = res.data.weatherinfo.city;
                    this.temp = res.data.weatherinfo.temp + '℃';
                    this.WD = res.data.weatherinfo.WD;
                    this.WS = res.data.weatherinfo.WS;
                });
        }
    }
</script>
```

请求返回的 JSON 格式数据可以通过输出返回的数据 res 获得，也可以在浏览器中输入请求的网址，通过网页获取。

2. 请求拦截和响应拦截

请求拦截是指在请求发出之前对请求做一些额外的处理，一般处理一些每次请求时都要操作的内容，如针对不同的 API 携带不同的 header 参数、配置统一的 Token 到 header 中等，这些内容都可以使用请求拦截完成。请求拦截在每一次请求时都会被自动调用，语法格式如下。

```
$u.http.interceptor.request = (config) => { ... }
```

config 是对象参数，用于配置请求信息。一次配置，全局通用，可以配置请求头信息、请求超时、加载时显示的文本等。

与请求拦截对应，响应拦截在请求返回时被调用，对响应的数据进行处理。例如，约定状态码 200 表示成功，返回 200 时把响应的数据传递给请求的 then()方法，如果不为 200，则进行拦截处理。默认响应拦截器中返回 response.data 数据，如果需要返回响应的数据，需要在“$u.http.setConfig”中配置 originalData 为 true。响应拦截的语法格式如下。

```
$u.http.interceptor.response = (res) => { ... }
```

res 为请求返回的数据。

请求拦截和响应拦截的具体实现过程可参阅 uview-plus 官网的 Http 请求相关内容。

8.4.2　u-search 组件

u-search 组件集成了常见搜索框所需要的功能，外观美观，使用友好，在开发中应用非常广泛。其主要属性如表 8-12 所示，主要事件如表 8-13 所示。

表 8-12　u-search 组件的主要属性

属性	数据类型	默认值	说明
shape	String	round	搜索框的形状，默认取值为 round，取值说明如下。 round：圆形。 square：方形
placeholder	String	请输入关键字	占位文字的内容，默认取值为“请输入关键字”
clearabled	Boolean	true	是否启用清除控件，取值为 true 表示当输入框中有内容时，右边会显示一个清除的图标
focus	Boolean	false	是否自动获得输入焦点
show-action	Boolean	true	是否显示右侧控件（即右侧的“搜索”按钮）
action-text	String	搜索	右侧控件的显示文字
animation	Boolean	false	是否开启动画，取值为 true 表示组件失去焦点，或者单击组件按钮时，组件自动消失，并且带有动画效果
search-icon	String	search	输入框左边的图标，可以为图标名称或图像路径

表 8-13　u-search 组件的主要事件

事件	说明
change()	当输入框内容发生变化时触发，返回输入框的值
search()	当确定搜索时触发，按回车键或手机键盘右下角的搜索键时触发，返回输入框的值
custom()	当单击右侧控件时触发，返回输入框的值
blur()	当输入框失去焦点时触发，返回输入框的值
focus()	当输入框获得焦点时触发，返回输入框的值
clear()	设置 clearabled 属性的值为 true，当清空输入框内容时触发
click()	设置 disabled 属性的值为 true，单击输入框时触发，一般用于跳转搜索页

【例 8-9】 设计一个简单搜索框程序，程序运行效果如图 8-10 所示，图 8-10（a）所示为初始显示效果，图 8-10（b）所示为输入关键字“上海”并按下回车键时的显示。

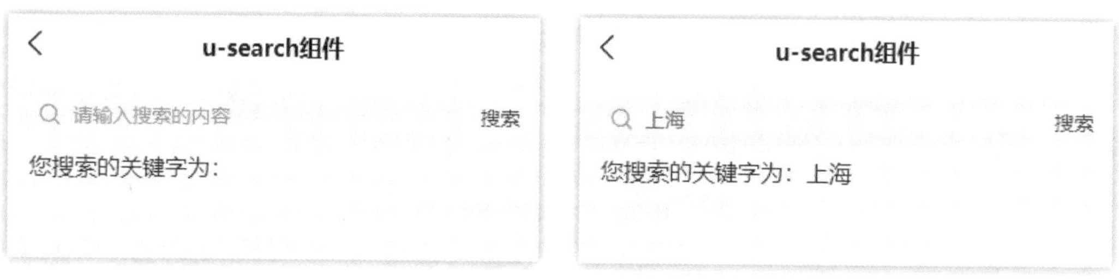

(a) 初始显示效果　　(b) 搜索关键字的显示效果

图 8-10　简单搜索框程序

参考任务 8.1 创建基于 uni-ui 项目模板的 uni-app 项目，为项目安装 uview-plus 组件并配置，在项目的 pages 目录下新建页面，编写如下代码。

```
<template>
    <view>
        <u-search placeholder="请输入搜索的内容"
            v-model="keyword" @search="search">
        </u-search>
        <view>您搜索的关键字为：{{result}}</view>
    </view>
</template>
<script>
    export default {
        data() {
            return {
                result: ''
            }
        },
        methods: {
            //按回车键或单击搜索按钮触发的 search 事件响应的方法
            search(value) {
                this.result = value;
            }
        }
    }
</script>
```

【任务实现】

1. 任务设计

① 使用 Http 请求访问天气网络服务。

② 使用 u-search 组件输入待查询的城市。

2. 任务实施

① 参考任务 8.1 创建基于 uni-ui 项目模板的 uni-app 项目，为项目安装 uview-plus 组件并配置，在项目的 pages 目录下新建页面，编写如下代码。

```
<template>
    <view class="wrap">
        <u-search placeholder="请输入城市代码" @search="search" /><br>
        <view>城市：{{city}}</view>
        <view>温度：{{temp}}</view>
        <view>风向：{{WD}}</view>
        <view>风速：{{WS}}</view>
    </view>
</template>
<script>
    export default {
        data() {
            return {
                city: '',
                temp: '',
                WD: '',
                WS: ''
            }
        },
        methods: {
            //按回车键或单击搜索按钮触发的 search 事件响应的方法
            search(value) {
                this.getweather(value);
            },
            getweather(citycode) {
                // 访问天气服务 API，获取指定城市的天气数据
                uni.$u.http.get('http://www.weather.com.cn/data/sk/'
                                + citycode + '.html')
                    .then(res => {
                        //使用服务端返回的数据 res
                        this.city = res.data.weatherinfo.city;
                        this.temp = res.data.weatherinfo.temp + '℃';
                        this.WD = res.data.weatherinfo.WD;
                        this.WS = res.data.weatherinfo.WS;
                    });
            }
        }
    }
</script>
```

② 在 pages.json 文件中，修改页面的标题为“天气服务”。

模块小结

本模块介绍 uview-plus 组件的用法，包括 u-form、u-form-item、u-input 和 u-tabs、u-loadmore、u-icon、u-search 等组件的属性、事件与用法。基于这些组件设计了前端开发的一些典型页面，并使用 Http 请求提供了网络服务。通过本模块的学习，读者应掌握 uview-plus 组件及其他第三方组件的基本使用方法。本模块以 4 个典型任务示范了第三方组件的使用方法和 uview-plus 组件的典型应用场景，深化了 uni-app 项目的开发，这些任务同样来源于真实项目应用场景，读者可在真实项目开发中借鉴使用。

课后习题

1．简述 uview-plus 组件的使用方法。

2．简述请求拦截与响应拦截的作用。

3．举例说明 Http 请求的用法。

4．以下哪个组件能够实现选项卡？（　　）

A．swiper　　B．scroll-view　　C．tab-view　　D．u-tabs

5．以下哪个属性可以定义 u-tabs 组件的数据？（　　）

A．list　　B．item　　C．data　　D．items

6．将 u-input 组件的 type 属性设置为以下哪个值可以使组件成为文本区域组件？（　　）

A．select　　B．text　　C．textarea　　D．password

7．以下哪个是 u-input 组件 type 属性的默认值？（　　）

A．select　　B．text　　C．textarea　　D．password

课后实训

1．参考任务 8.2 编写一个图书信息录入页面，录入图书的书名、书号、作者、出版社等信息，对录入的书名和作者进行必填验证，对书号进行指定格式验证。

2．完善模块 6 课后实训中的用户管理模块，实现用户信息查看页面，在页面中添加两个选项卡，实现显示的切换。在一个选项卡中显示全部注册用户的信息，在另一个选项卡中添加搜索框，根据搜索条件显示满足条件的用户。

模块 9 uCharts 组件

uni-app 支持第三方绘图组件，本模块介绍第三方绘图组件 uCharts，相较于 eCharts 组件，uCharts 组件使用更为简便，更适合初学者。

【学习目标】

知识目标

- 掌握 uCharts 组件的使用方式。
- 掌握柱状图、折线图、饼图和混合图的基本绘制方法。
- 掌握柱状图、折线图、饼图和混合图的配置方法。

能力目标

- 具备使用 uCharts 组件的能力。
- 具备绘制柱状图、折线图、饼图和混合图的能力。

素质目标

- 具有设计和绘制图表的素质。
- 具有数据安全意识。

任务 9.1 学习 uCharts 组件的基础知识

图表在网站汇总分析中具有重要的作用，本任务主要介绍 uCharts 组件的基础知识，读者应了解 uCharts 组件的使用方式，掌握基于 uni-app 平台使用 uCharts 组件的方法和图表的基本结构。

9.1.1 uCharts 组件概述

uCharts 组件基于 Canvas API 开发，具有跨平台特性，能够横跨国内各个程序平台，是一款跨全端的图表库，源码开源、免费、通俗易懂，具有以下优点。

① 横跨各个程序及前端框架，兼容性好，增强了一致性体验。

② 体积小巧、图表丰富，压缩后仅 140KB，响应速度超快。

③ 配置简单、使用方便，还可以进行可视化配置。

④ 独特支持横屏模式，小手机也可以看大图表。

9.1.2 使用 uCharts 组件

1. 使用方式

有两种使用 uCharts 组件的方式，原生方式和组件方式。

（1）原生方式

原生方式基于 u-charts.js（开发模式）或 u-charts.min.js（生产模式）文件，可以通过开源地址获取 js 文件，然后将文件复制到项目指定目录，在页面中引用 js 文件，此时，uCharts 组件就是一个 js 库文件，使用方法同 js 库文件的使用方法。也可以通过 npm 命令“npm i @qiun/ucharts”安装 uCharts 组件，然后使用 import 或 require 命令引入并使用。

（2）组件方式

组件方式对原生 uCharts 组件进行了封装，避开了一些平台容易出问题的地方，提高了页面的可读性，用户可以只专注于数据与业务，使用更为简单，页面更为简洁，大大提高了开发效率。有两种组件方式，分别为原生小程序组件和 uni-app 组件，本书介绍 uni-app 组件方式的使用方法。

2. 基于 uni-app 平台使用 uCharts 组件

基于 uni-app 平台的 uCharts 组件有 3 个版本，本书使用 uni_modules 版本。通过 uni-app 插件市场的 uCharts 组件发布页面获取。单击“下载插件并导入 HBuilderX”按钮，选择待导入组件的项目将 uCharts 组件导入项目中。

也可以单击“下载插件 ZIP”将 uCharts 组件下载到本地，解压缩后将文件按目录结构复制到 uni-app 项目中。具体为，将 static 目录下的内容复制到 uni-app 项目根目录的 static 目录下，将 components 和 js_sdk 目录下的内容复制到对应目录下，如果 uni-app 项目中没有这两个目录，直接将目录复制到 uni-app 项目的根目录下。

uCharts 组件的目录说明如表 9-1 所示。

表 9-1 uCharts 组件的目录说明

目录	子目录	说明
components	qiun-data-chatrs	组件主入口模块
	qiun-error	错误提示组件文件目录
	qiun-loading	加载动画组件文件目录
js_sdk	u-charts	u-charts 子目录下包含以下几个文件。 config-echarts.js：eCharts 默认配置文件。 config-ucharts.js：uCharts 默认配置文件。 u-charts.js：uCharts 基础库文件（该文件在组件内引用）。 u-charts.min.js：压缩后的 uCharts 基础库文件

续表

目录	子目录	说明
static	app-plus	条件编译目录，仅编译到 App 端
	HTML5	条件编译目录，仅编译到 HTML5 端

9.1.3 图表基本结构

一个典型的直角坐标系图表包括坐标轴与坐标轴标识，其与 uCharts 组件的属性对应关系如图 9-1 所示。本模块后面将使用对应属性配置相关图表，并通过属性配置改变图表的展示形式。

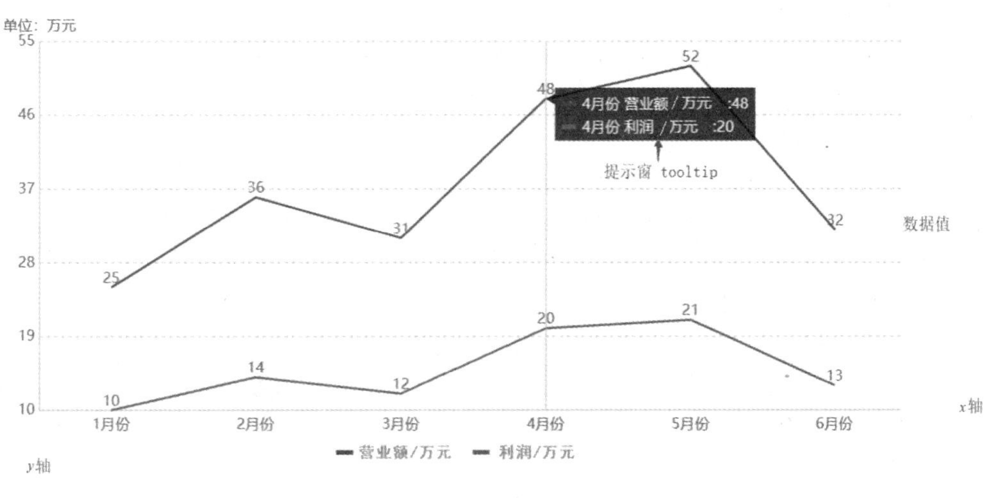

图 9-1 图表基本结构

任务 9.2 绘制柱状图

已知某公司上半年的商品销售情况如表 9-2 所示，根据用户要求用柱状图展示销售数据。

表 9-2 商品销售情况

项目	时间					
	1 月份	2 月份	3 月份	4 月份	5 月份	6 月份
营业额/万元	25	36	31	48	52	32
利润/万元	10	14	12	20	21	13

9.2.1 qiun-data-charts 组件

使用 qiun-data-charts 组件绘制图表时，使用 type 属性定义图表的类型，该属性必须设置，其取值及含义说明如表 9-3 所示。

表 9-3　qiun-data-charts 组件中 type 属性的取值及含义说明

属性值/说明	属性值/说明	属性值/说明
column/柱状图	bar/条形图	mount/山峰图
line/折线图	area/区域图	scatter/散点图
bubble/气泡图	mix/混合图	pie/饼图
ring/圆环图	rose/玫瑰图	radar/雷达图
gauge/仪表盘	word/词云图	funnel/漏斗图
candle/K 线图	map/地图	—

9.2.2　定义柱状图的数据

1. chartData 属性

通过给 qiun-data-charts 组件的 chartData 属性绑定数据即可绘制数据视图，数据遵循一定的格式（官方推荐的标准数据格式），同原生 uCharts/eCharts 数据格式一样。chartData 属性绑定数据的结构如下。

```
{
  categories: [],  //定义数据的 x 轴分类标准
  series: [{
    name: "",  //定义分组类型的名称
    data: []  //定义指定类型的数据
   },       //定义某分组类型及数据
   ……    //定义其他分组类型及数据
   ]
}
```

【例 9-1】　使用基本柱状图显示表 9-2 所示的商品销售情况，程序运行效果如图 9-2 所示。

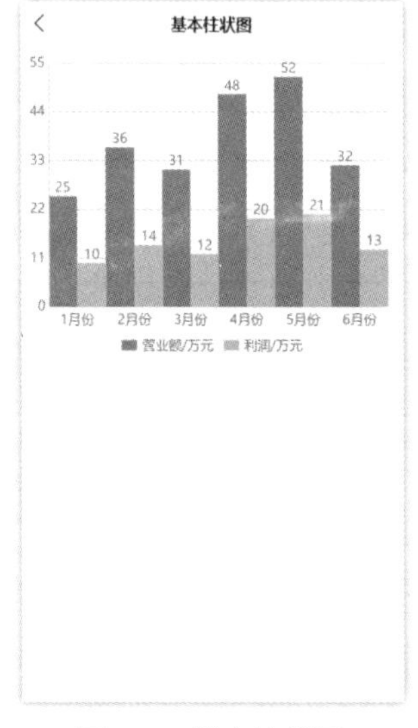

图 9-2　基本柱状图

微课 9-1　定义柱状图的数据

① 创建基于 uni-ui 项目模板的 uni-app 项目。参考 9.1.2 节为项目安装 uCharts 组件。

② 在 uni-app 项目的 pages 目录下添加 ex1.vue 组件页面文件。

③ 在 pages.json 配置文件中修改组件文件的标题为“基本柱状图”。

④ 在 ex1.vue 组件文件的模板中定义柱状图组件，代码如下。

```
<template>
    <view class="charts-box">
        <qiun-data-charts type="column" :chartData="chartsDataColumn" />
    </view>
</template>
```

⑤ 在 ex1.vue 组件文件的脚本中定义柱状图数据，分析表 9-2 的数据，x 轴的分类标准有 6 个，将其定义为 categories；有营业额和利润两类数据，将其定义为两个系列 series，完整代码如下。

```
<script>
    export default {
        data() {
            return {
                chartsDataColumn: {
                    categories: ["1 月份", "2 月份", "3 月份", "4 月份", "5 月份", "6 月份"],
                    series: [{
                            name: "营业额/万元",
                            data: [25, 36, 31, 48, 52, 32]
                        },
                        {
                            name: "利润/万元",
                            data: [10, 14, 12, 20, 21, 13]
                        }
                    ]
                }
            }
        }
    }
</script>
```

⑥ 在 ex1.vue 组件文件的样式中定义组件的样式，代码如下。

```
<style scoped>
    /* 柱状图尺寸 */
    .charts-box {
        /* 宽度适合屏幕 */
        width: 100%;
        /* 高度为 300px */
        height: 300px;
    }
</style>
```

通过直接给 chartData 属性绑定数据即可绘制数据视图，但是，当同一时间多次修改 chartData 属性绑定的数据时，组件会多次监听到变化，导致多次重绘，如果没有关闭组件的动画效果，就会发生图表抖动的情况。因此，一般使用 JSON 串的整体赋值和深拷贝方式对 chartData 属性进行赋值。针对需要拼接的数据，还应该先定义一个临时变量拼接数据，然后通过深拷贝方式去掉变量中的其他多余属性和原型方法，最后将其整体赋值给 chartData 属性。

【例 9-2】 修改例 9-1，使用深拷贝和整体赋值方式为 chartData 属性绑定数据，实现同样的程序效果。

① 复制 ex1.vue 组件文件并将其重命名为 ex2.vue。

② 参考 ex1.vue 组件文件的配置项，在 pages.json 配置文件中添加关于 ex2.vue 组件文件的配置项。

③ 修改 ex2.vue 组件文件的脚本中关于 chartData 属性绑定的数据的代码，具体如下。

```
<script>
    export default {
        data() {
            return {
                chartsDataColumn: {}
            }
        },
        onReady() {
            this.getServerData();
        },
        methods: {
            //模拟服务器返回数据
            getServerData() {
                setTimeout(() => {
                    //数据格式应拼接为标准格式
                    let res = {
                        categories: ["1 月份", "2 月份", "3 月份",
                            "4 月份", "5 月份", "6 月份"
                        ],
                        series: [{
                                name: "营业额/万元",
                                data: [25, 36, 31, 48, 52, 32]
                            },
                            {
                                name: "利润/万元",
                                data: [10, 14, 12, 20, 21, 13]
                            }
                        ]
                    };
                    //JSON 串的深拷贝和整体赋值方式
                    this.chartsDataColumn = JSON.parse(JSON.stringify(res));
                }, 500);
            }
```

```
        }
    };
</script>
```

2. localdata 属性

通过给 qiun-data-charts 组件的 localdata 属性绑定数据同样可以绘制数据视图，数据同样遵循一定的格式，类似 F2 的数据格式。与 chartData 属性绑定数据的格式比较，localdata 属性绑定数据的格式简单，无须拼接 categories 及 series，从后端拿回数据后简单处理即可生成图表。但是，并不是所有的图表类型都可以通过给 localdata 属性绑定数据渲染，localdata 属性绑定数据的格式不适合一些复杂的图表。localdata 属性绑定数据的结构如下。

```
[
  {
      value:  ,    //定义指定类型的数据
      text:" ",     //定义数据的 x 轴分类标准
      group:" "    //定义分组类型的名称
  },   //定义数据
  ……//定义其他数据
]
```

【例 9-3】　通过给 localdata 属性绑定数据修改例 9-1，实现同样的程序效果。

① 复制 ex1.vue 组件文件并将其重命名为 ex3.vue。

② 参考 ex1.vue 组件文件的配置项，在 pages.json 配置文件中添加关于 ex3.vue 组件文件的配置项。

③ 修改 ex3.vue 组件文件的模板中定义柱状图组件的代码，具体如下。

```
<qiun-data-charts type="column" :localdata="localData" />
```

④ 修改 ex3.vue 组件文件的脚本中关于 localdata 属性绑定数据的代码，具体如下。

```
<script>
    export default {
        data() {
            return {
                localData: [{value: 25,text: "1月份",group: "营业额/万元"},
                    {value: 10,text: "1月份",group: "利润/万元"},
                    {value: 36,text: "2月份",group: "营业额/万元"},
                    {value: 14,text: "2月份",group: "利润/万元"},
                    {value: 31,text: "3月份",group: "营业额/万元"},
                    {value: 12,text: "3月份",group: "利润/万元"},
                    {value: 48,text: "4月份",group: "营业额/万元"},
                    {value: 20,text: "4月份",group: "利润/万元"},
                    {value: 52,text: "5月份",group: "营业额/万元"},
                    {value: 21,text: "5月份",group: "利润/万元"},
                    {value: 32,text: "6月份",group: "营业额/万元"},
```

```
                {value: 13,text: "6月份",group: "利润/万元"}]
            };
        }
    };
</script>
```

9.2.3 柱状图的属性

除 chartData 属性和 localdata 属性外，柱状图其他常用属性如表 9-4 所示。

表 9-4 柱状图其他常用属性

属性	数据类型	默认取值	是否必填	说明
opts	Object	{}	否	uCharts 组件配置参数（option），传入的 opts 属性会覆盖默认的 config-ucharts.js 文件中的配置
optsWatch	Boolean	true	否	是否开启 opts 监听，关闭后动态改变上面的 opts 属性值，将不会触发图表重绘
loadingType	Number	2	否	加载动画样式，0 表示不显示加载动画，赋值范围为 1 ~ 5，共 5 种不同的样式
canvasId	String	见说明	否	默认生成 32 位随机字符串。如果指定 canvasId 属性值，可方便后面调用指定图表实例，否则需要通过渲染完成事件获取自动生成的随机 canvasId 属性值
canvas2d	Boolean	false	否	是否开启 canvas2d 模式，用于解决小程序层级过高的问题。开启 canvas2d 模式，必须要传入 canvasId 属性值
background	Rgba	rgba(0,0,0,0)	否	背景颜色，默认为透明 rgba(0,0,0,0)，开启滚动条后需要赋值为父元素的背景颜色
animation	Boolean	true	否	是否开启图表动画效果
tooltipShow	Boolean	true	否	单击或者鼠标指针经过图表时，是否显示 tooltip 提示窗，默认显示
ontap	Boolean	true	否	是否监听@tap、@ctick 事件，禁用后不会触发组件单击事件
ontouch	Boolean	false	否	是否监听@touchstart、@touchmove、@touchend 事件。赋值为 true 时，非 PC 端在图表区域内可能会导致拖动页面滚动不顺畅

续表

属性	数据类型	默认取值	是否必填	说明
onzoom	Boolean	false	否	是否开启图表双指缩放功能，仅针对直角坐标系图表，并且开启了 ontouch 及 opts.enableScroll 滚动条才可用
tapLegend	Boolean	true	否	是否开启图例单击交互事件

表 9-4 中的属性同样适用于其他图表，后面讲到其他图表时将不再赘述。

9.2.4 配置柱状图

opts 是单词 options 的简写，表示 uCharts 组件的配置参数，是一个标准的 Object 对象，通过给 qiun-data-charts 组件的 opts 属性绑定数据可以进一步定制数据视图。

1. 基本配置

柱状图基本配置属性如表 9-5 所示。

表 9-5 柱状图基本配置属性

属性	数据类型	默认取值	说明
timing	String	easeOut	图表动画效果，可选值，取值说明如下。 ● easeOut：由快到慢。 ● easeIn：由慢到快。 ● easeInOut：慢快慢。 ● linear：匀速
duration	Number	1000	动画展示时长，单位为 ms
rotate	Boolean	false	横屏模式
rotateLock	Boolean	false	横屏锁定模式，如果开启横屏模式后，图表每次交互后会旋转 90°，应赋值为 true
enableScroll	Boolean	false	开启滚动条，x 轴配置里需要配置 itemCount，确定单屏幕显示数据点的数量

表 9-5 中的配置属性是基本配置属性，同样适用于其他图表，后面讲到其他图表时将不再赘述。

【例 9-4】 修改例 9-1，用横屏模式的柱状图显示表 9-2 所示的商品销售情况，程序运行效果如图 9-3 所示。

① 复制 ex1.vue 组件文件并将其重命名为 ex4.vue。

② 参考 ex1.vue 组件文件的配置项，在 pages.json 配置文件中添加关于 ex4.vue 组件文件的配置项。

③ 在 ex4.vue 组件文件的模板中为柱状图组件增加配置定义的代码，具体如下。

```
<qiun-data-charts type="column"
    :chartData="chartsDataColumn" :opts="{rotate:true}" />
```

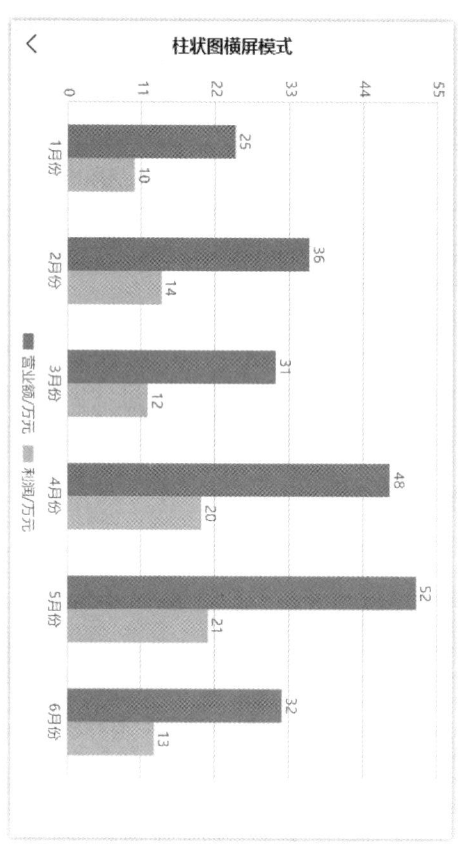

图 9-3　横屏模式的柱状图

2. *x* 轴配置（opts.xAxis.）

柱状图常用的 *x* 轴配置属性如表 9-6 所示。

表 9-6　柱状图常用的 *x* 轴配置属性

属性	数据类型	默认取值	说明
itemCount	Number	5	单屏数据密度，即图表可视区域内显示的 *x* 轴数据点数量，仅在启用 enableScroll 属性时有效
disableGrid	Boolean	true	不绘制纵向网格，默认绘制网格
scrollShow	Boolean	false	是否显示滚动条，配合拖动滚动使用，仅在启用基本配置的 enableScroll 属性时有效

表 9-6 中的配置属性同样也适用于其他图表，后面讲到其他图表时将不再赘述。

【例 9-5】　修改例 9-1，为柱状图添加滚动条，每页显示 4 组数据，程序运行效果如图 9-4 所示。

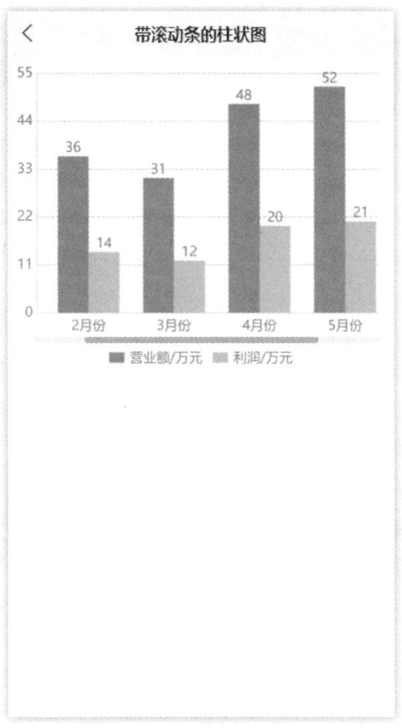

图 9-4 带滚动条的柱状图

① 复制 ex1.vue 组件文件并将其重命名为 ex5.vue。

② 在 pages.json 配置文件中添加关于 ex5.vue 组件文件的配置项。

③ 在 ex5.vue 组件文件的模板中为柱状图组件增加配置定义的代码，具体如下。

```
<qiun-data-charts type="column" canvasId="scrollcolumnid"
  :opts="{enableScroll:true,xAxis:{scrollShow:true,itemCount:4,disableGrid:true}}"
  :ontouch="true" :canvas2d="true" :chartData="chartsDataColumn" />
```

3. 扩展配置属性（opts.extra.column.）

柱状图常用扩展配置属性如表 9-7 所示。

表 9-7 柱状图常用扩展配置属性

属性	数据类型	默认取值	说明
type	String	group	柱状图的类型，取值说明如下。 group：分组柱状图。 stack：堆叠柱状图。 meter：温度计式图
width	Number	—	柱状图每个柱子的宽度
seriesGap	Number	—	多 series 情况下柱子的间距
categoryGap	Number	—	每个 category 点位（x 轴点）柱子组的间距
barBorderCircle	Boolean	false	启用分组柱状图半圆边框

续表

属性	数据类型	默认取值	说明
barBorderRadius	Array	—	自定义 4 个圆角半径[左上,右上,右下,左下]
linearType	String	none	渐变类型，取值说明如下。 none：关闭渐变。 opacity：透明渐变。 custom：自定义颜色
linearOpacity	Number	1	透明渐变的透明度，取值范围为 0 到 1，值越小越透明
customColor	Array	—	自定义渐变颜色，使用数组类型对应 series 的数组，以便为不同的 series 应用不同配色方案，例如["#FA7D8D","#EB88E2"]
meterBorder	Number	1	温度计式图的边框宽度
meterFillColor	Color	#FFFFFF	温度计式图的空余填充颜色
activeBgColor	Color	#000000	被激活柱子的背景颜色
activeBgOpacity	Number	0.08	被激活柱子的背景颜色透明度
labelPosition	String	outside	数据标签的位置，有效取值说明如下。 outside：外部。 insideTop：内顶部。 center：内中间。 bottom：内底部

【例 9-6】 修改例 9-1，用堆叠柱状图显示表 9-2 所示的商品销售情况，程序运行效果如图 9-5 所示。

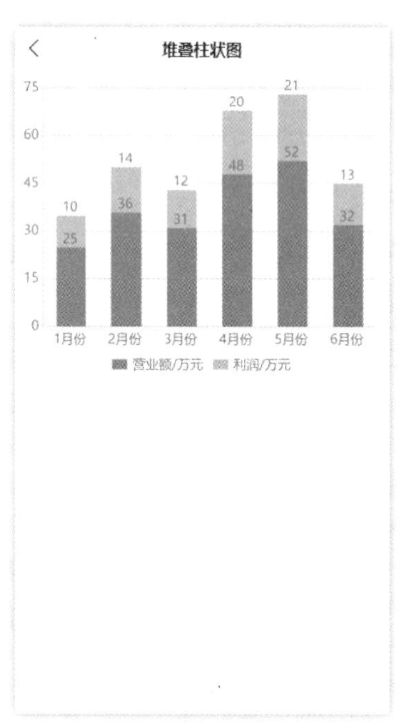

图 9-5 堆叠柱状图

① 复制 ex1.vue 组件文件并将其重命名为 ex6.vue。

② 在项目的 pages.json 配置文件中添加关于 ex6.vue 组件文件的配置项。

③ 在 ex6.vue 组件文件的模板中为柱状图组件增加配置定义的代码，具体如下。

```
<qiun-data-charts type="column" :chartData="chartsDataColumn"
    :opts="{extra:{column:{type:'stack'}}}" />
```

【例 9-7】 修改例 9-1，用温度计式图显示表 9-2 所示的商品销售情况，程序运行效果如图 9-6 所示。

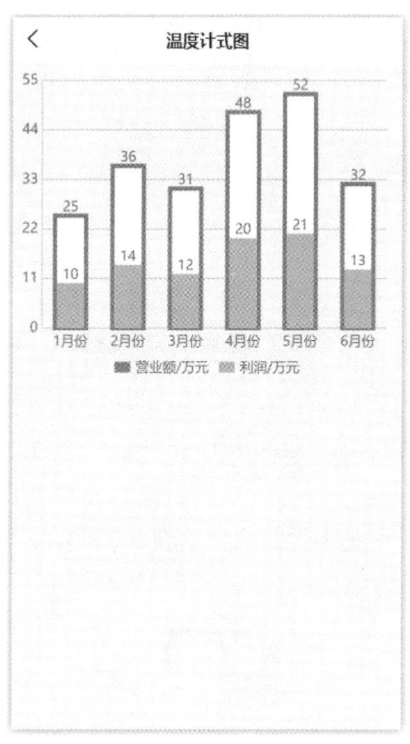

图 9-6 温度计式图

① 复制 ex1.vue 组件文件并将其重命名为 ex7.vue。

② 在 pages.json 配置文件中添加关于 ex7.vue 组件文件的配置项。

③ 在 ex7.vue 组件文件的模板中修改柱状图组件的配置定义代码，具体如下。

```
<qiun-data-charts type="column" :chartData="chartsDataColumn"
   :opts="{extra:{column:{type:'meter',meterBorde:1,meterFillColor:'#FFFFFF'}}}" />
```

任务 9.3 绘制折线图

使用断点续连折线图显示表 9-2 所示的商品销售情况，程序运行效果如图 9-7 所示，在 3 月份营业额绘制中应用了断点和断点续连。

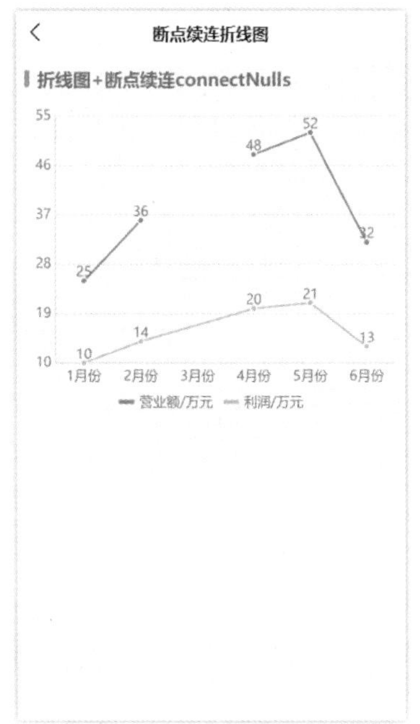

微课 9-2　绘制折线图

图 9-7　断点续连折线图

9.3.1　基本绘制

使用 qiun-data-charts 组件将 type 属性值设为“line”，绘制折线图，使用与柱状图同样的数据格式。

【例 9-8】　修改例 9-1，用基本折线图显示表 9-2 所示的商品销售情况，程序运行效果如图 9-8 所示。

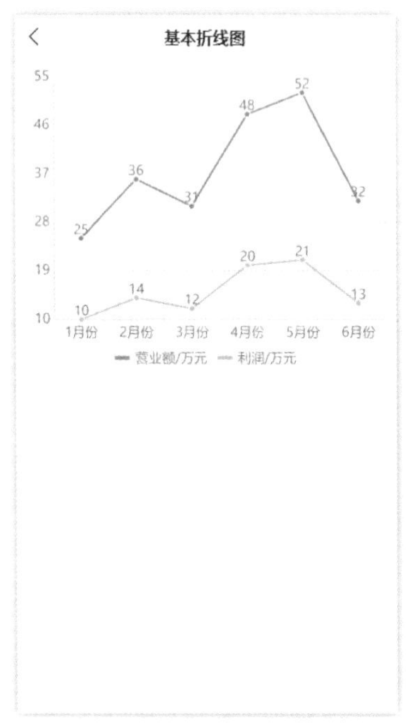

图 9-8　基本折线图

① 复制 ex1.vue 组件文件并将其重命名为 ex8.vue。

② 在 pages.json 配置文件中添加关于 ex8.vue 组件文件的配置项。

③ 在 ex8.vue 组件文件的模板中修改组件的图形类型为折线，修改后的代码如下。

```
    <qiun-data-charts type="line" :chartData="chartsDataLine" />
```

④ 修改 ex8.vue 组件文件的脚本中关于 chartData 属性绑定的数据，修改后的代码如下。

```
<script>
    export default {
        data() {
            return {
                chartsDataLine: {
                    categories: ["1月份", "2月份", "3月份", "4月份", "5月份", "6月份"],
                    series: [{
                            name: "营业额/万元",
                            data: [25, 36, 31, 48, 52, 32]
                        },
                        {
                            name: "利润/万元",
                            data: [10, 14, 12, 20, 21, 13]
                        }
                    ]
                }
            }
        }
    }
</script>
```

这里关于绑定数据的名字的修改并不是必需的。

折线图的 y 轴有默认最小值，请注意观察其与柱状图 y 轴默认最小值的区别。

【例 9-9】 参考例 9-5 修改例 9-8，为折线图添加滚动条，每页显示 4 组数据，程序运行效果如图 9-9 所示。

① 复制 ex8.vue 组件文件并将其重命名为 ex9.vue。

② 在 pages.json 配置文件中添加关于 ex9.vue 组件文件的配置项。

③ 在 ex9.vue 组件文件的模板中添加折线图组件的配置定义代码，具体如下。

```
    <qiun-data-charts type="line" :chartData="chartsDataLine" canvasId="scrollcolumnid"
        :opts="{enableScroll:true,xAxis:{scrollShow:true,itemCount:4,disableGrid:true}}"
        :ontouch="true" :canvas2d="true" />
```

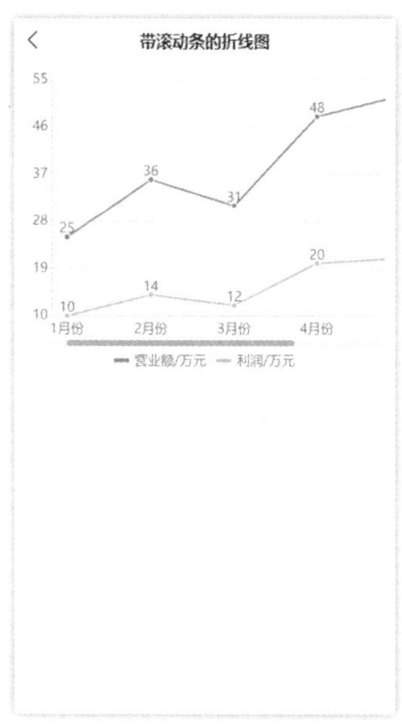

图 9-9　带滚动条的折线图

9.3.2　配置折线图

1．数据配置（opts.series.）

折线图常用的数据配置属性如表 9-8 所示。

表 9-8　折线图常用的数据配置属性

属性	数据类型	默认取值	说明
index	Number	0	多维数据结构索引值，应用于多坐标系
name	String	required	数据名称
legendText	String	—	自定义图例显示文字，不设置默认显示 name 属性的值
data	Array/Number	required	数据值，如果传入 null 值则折线图该处出现断点，在饼图、圆环图、玫瑰图中为 Number
connectNulls	Boolean	false	仅限折线图或区域图断点续连，即跳过 null 的点位直接连到下一个点位
setShadow	Array	—	仅限折线图阴影配置，格式为 4 位数组：[offsetX,offsetY, blur, color]
linearColor	Array	—	仅限折线图渐变色配置，格式为二维数组[起始位置，颜色值]，例如[[0,'#0EE2F8'],[0.3,'#2BDCA8'],[0.6,'#1890FF'],[1,'#9A60B4']]
lineType	String	'solid'	折线线型，可选值：'solid'为实线，'dash'为虚线，仅针对 line、area、mix 图形类型有效

表 9-8 中折线图的数据配置属性同样也适用于其他图表，包括柱状图，后面讲到其他图表时将不再赘述。

2. 扩展配置（opts.extra.line.）

折线图常用的扩展配置属性如表 9-9 所示。

表 9-9 折线图常用的扩展配置属性

属性	数据类型	默认取值	说明
type	String	straight	折线图类型，可选值："straight"代表尖角折线模式，"curve"代表曲线圆滑模式，"step"代表时序图模式
width	Number	2	折线的宽度
activeType	String	none	活动指示点的类型，可选值："none"代表不启用活动指示点，"hollow"代表空心点模式，"solid"代表实心点模式
linearType	String	none	渐变色类型，可选值："none"代表关闭渐变色，"custom"代表自定义渐变色。使用自定义渐变色时需要赋值 serie.linearColor 作为颜色值
onShadow	Boolean	false	是否开启折线阴影，开启后需要赋值 serie.setShadow 进行阴影设置
animation	String	vertical	动画效果方向，可选值："vertical"代表垂直动画效果，"horizontal"代表水平动画效果

【例 9-10】 修改例 9-8，用基本时序图显示表 9-2 所示的商品销售情况，程序运行效果如图 9-10 所示。

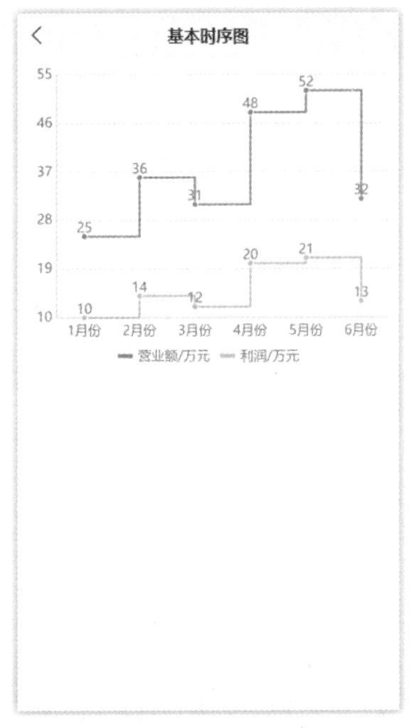

图 9-10 基本时序图

① 复制 ex8.vue 组件文件并将其重命名为 ex10.vue。

② 在 pages.json 配置文件中添加关于 ex10.vue 组件文件的配置项。

③ 在 ex10.vue 组件文件的模板中为折线图组件增加配置定义的代码，具体如下。

```
<qiun-data-charts type="line" :opts="{extra:{line:{type:'step'}}}"
    :chartData="chartsDataLine" />
```

【任务实现】

1. 任务设计

综合使用折线图常用的数据配置属性与扩展配置属性实现任务。

2. 任务实施

（1）准备数据

本任务模拟真实项目实现，因此需要单独建立数据文件。创建基于 uni-ui 项目模板的 uni-app 项目，参考 9.1.2 节为项目安装 uCharts 组件。在项目下新建存放数据的目录 mockdata，在 mockdata 目录下新建 JSON 数据文件 demodata.json，在 demodata.json 文件中定义数据，代码如下。

```
{
    "Line": {
        "categories": ["1月份", "2月份", "3月份", "4月份", "5月份", "6月份"],
        "series": [{
            "name": "营业额/万元",
            "data": [25, 36, 31, 48, 52, 32]
        }, {
            "name": "利润/万元",
            "data": [10, 14, 12, 20, 21, 13]
        }]
    }
}
```

（2）准备 uCharts 标题组件

从“秋云 uCharts eCharts 高性能跨全端图表组件示例”项目的 components 目录中复制 qiun-title-bar 目录，并将其粘贴到本任务所建项目的 components 目录下。

（3）编码实现

① 新建名为 task3.vue 的组件文件。

② 在 pages.json 配置文件中添加关于 task3.vue 组件文件的配置项。

③ 编写 task3.vue 组件文件的模板定义，代码如下。

```
<template>
    <view class="content">
        <qiun-title-bar title="折线图+断点续连 connectNulls" />
        <view class="charts-box">
            <qiun-data-charts type="line" :chartData="chartsDataLine" />
        </view>
```

```
    </view>
</template>
```

④ 编写 task3.vue 组件文件的脚本定义，代码如下。

```
<script>
    //导入数据
    import demodata from '@/mockdata/demodata.json';
    export default {
        data() {
            return {
                chartsDataLine: {}
            }
        },
        onReady() {
            this.getServerData();
        },
        methods: {
            getServerData() {
                //定义延时，模拟从服务器中获取数据
                setTimeout(() => {
                    //定义一个临时变量构造数据
                    let tmpLine = JSON.parse(JSON.stringify(demodata.Line));
                    for (let i = 0; i < tmpLine.series.length; i++) {
                        tmpLine.series[i].data[2] = null;
                    }
                    //续连第 2 组数据
                    tmpLine.series[1].connectNulls = true;
                    //统一给 chartData 绑定的变量赋值，以免多次渲染图表
                    this.chartsDataLine = tmpLine;
                }, 500);
            }
        }
    }
</script>
```

⑤ task3.vue 组件文件的样式定义与例 9-1 相同，代码略。

任务 9.4 绘制其他图表

饼图也是一种常用的图表，读者应掌握其绘制方法，并通过绘制饼图学习另外一种无 categories 属性的数据格式，全面掌握图表的数据格式。混合图是多种图表的混合，其在实际中有许多应用场景，通过绘制混合图全面掌握 y 轴的定义格式，并进一步了解图表绘制的术语。

9.4.1 绘制饼图

饼图也使用 qiun-data-charts 组件，将 type 属性值设为“pie”即可绘制饼图，与柱状图一样，饼图的数据也有两种结构。

1. chartData 属性

chartData 属性绑定数据的结构如下。

```
{
  series: [{
    data: [
      {   //定义数据
        name: "",  //定义分组类型的名称
        value:    //定义指定分组类型的数据
      },
        ……//定义其他数据

    ]
  }]
}
```

【例 9-11】 已知某公司 2022 年的销售情况如表 9-10 所示，用饼图显示销售数据，程序运行效果如图 9-11 所示。

表 9-10　某公司 2022 年的销售情况

时间	一季度	二季度	三季度	四季度
营业额/万元	35	48	68	18

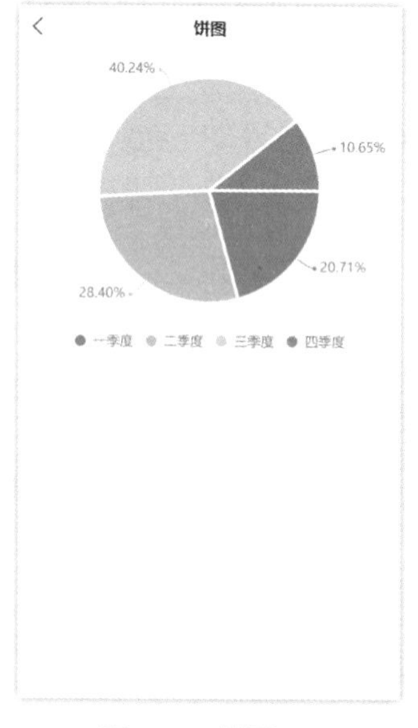

图 9-11　饼图

微课 9-3　绘制饼图

① 创建基于 uni-ui 项目模板的 uni-app 项目，参考 9.1.2 节为项目安装 uCharts 组件。在 uni-app 项目的 page 目录下新建名为 ex11.vue 的组件文件。

② 在 pages.json 配置文件中添加关于 ex11.vue 的配置项。

③ 在 ex11.vue 组件文件的模板中定义饼图组件，具体如下。

```
    <qiun-data-charts type="pie" :chartData="chartsDataPie" />
```

④ 在 ex11.vue 组件文件的脚本中定义饼图数据，代码如下。

```
<script>
    export default {
        data() {
            return {
                chartsDataPie: {
                    series: [{
                        data: [{name: "一季度",value: 35},
                            {name: "二季度",value: 48},
                            {name: "三季度",value: 68},
                            {name: "四季度",value: 18}
                        ]
                    }]
                }
            };
        }
    };
</script>
```

⑤ ex11.vue 组件文件的样式定义与例 9-1 相同，代码略。

2. localdata 属性

localdata 属性绑定数据的结构如下。

```
[{
    text: "",  //定义分组类型的名称
    value:   //定义指定分组类型的数据
  },
    ……  //定义其他数据
]
```

【例 9-12】 修改例 9-11，用 localdata 属性绑定数据，实现同样的程序效果。

① 复制 ex11.vue 组件文件并将其重命名为 ex12.vue。

② 在 pages.json 配置文件中添加关于 ex12.vue 组件文件的配置项。

③ 修改 ex12.vue 组件文件的模板中定义饼图组件的代码，具体如下。

```
<qiun-data-charts type="pie" :localdata="localdataPie" />
```

④ 修改 ex12.vue 组件文件的脚本中关于 localdata 属性绑定数据的代码，具体如下。

```
<script>
    export default {
        data() {
            return {
                localdataPie: [{text: "一季度",value: 35},
                    {text: "二季度",value: 48},
                    {text: "三季度",value: 68},
```

```
                    {text: "四季度",value: 18}
                ]
            };
        }
    };
</script>
```

9.4.2　绘制混合图

混合图也使用 qiun-data-charts 组件，将 type 属性值设为“mix”即可绘制混合图。

混合图是多个种类图表的混合，往往不同种类的图表使用不同的 y 轴定义，可以使用多 y 轴配置（opts.yAxis.data[i]），相关配置属性如表 9-11 所示。

表 9-11　多 y 轴配置属性

属性	数据类型	默认取值	说明
position	String	left	当前 y 轴显示位置，可选值：“left”“right”“center”
title	String	—	当前 y 轴标题，需要设置 showTitle 为 true
textAlign	String	right	数据点（刻度点）相对轴线的对齐方式，可选值：“left”“right”“center”
min	Number	—	当前 y 轴起始值，默认为数据中的最小值
max	Number	—	当前 y 轴终止值，默认为数据中的最大值

【例 9-13】　使用多坐标系混合图将表 9-2 所示的商品销售情况进行显示，程序运行效果如图 9-12 所示。

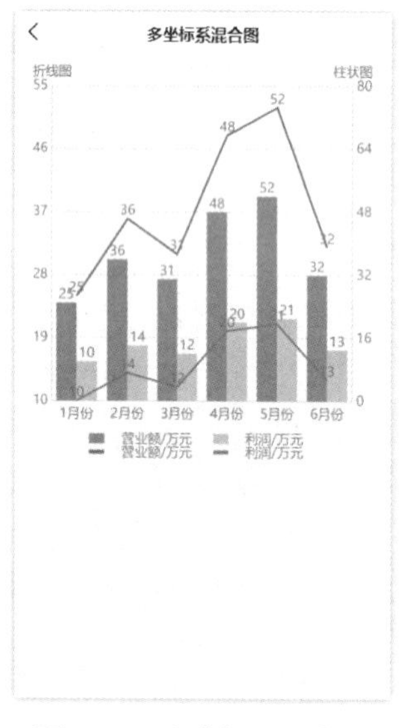

图 9-12　多坐标系混合图

微课 9-4　绘制混合图

① 创建基于 uni-ui 项目模板的 uni-app 项目，参考 9.1.2 节为项目安装 uCharts 组件。在 uni-app 项目的 page 目录下新建名为 ex13.vue 的组件文件。

② 在 pages.json 配置文件中添加关于 ex13.vue 组件文件的配置项。

③ 修改 ex13.vue 组件文件的模板中定义混合图组件的代码，具体如下。

```
<template>
    <view class="content">
        <view class="charts-box" style="height: 400px;">
            <!-- 第 1 个坐标系的坐标轴标注在左侧，第 2 个坐标系的坐标轴标注在右侧 -->
            <qiun-data-charts type="mix"
                :opts="{yAxis:{data:[{position: 'left',title: '折线图'},
                                    {position: 'right',min: 0,max: 80,
                                    title: '柱状图',textAlign: 'left'}]}}"
                :chartData="chartsDataMix" />
        </view>
    </view>
</template>
```

④ 修改 ex13.vue 组件文件的脚本代码，具体如下。

```
<script>
    export default {
        data() {
            return {
                chartsDataMix: {
                    categories: ["1 月份", "2 月份", "3 月份", "4 月份", "5 月份", "6 月份"],
                    series: [{
                            name: "营业额/万元",
                            data: [25, 36, 31, 48, 52, 32],
                            type: "column",
                            index: 1 //指定使用第 2 个坐标系
                        },
                        {
                            name: "利润/万元",
                            data: [10, 14, 12, 20, 21, 13],
                            type: "column",
                            index: 1 //指定使用第 2 个坐标系
                        }, {
                            name: "营业额/万元",
                            data: [25, 36, 31, 48, 52, 32],
                            type: "line",
                            //可以省略不写，默认使用第 1 个坐标系
                            index: 0,
                            color:"#f022f0" //定义图例颜色
                        },
                        {
                            name: "利润/万元",
                            data: [10, 14, 12, 20, 21, 13],
                            type: "line",
```

```
                    //可以省略不写，默认使用第 1 个坐标系
                    index: 0,
                    color:"#ff5200" //定义图例颜色
                  }
                ]
              }
            }
          }
        }
</script>
```

⑤ ex13.vue 组件文件的样式定义与例 9-1 相同，代码略。

模块小结

本模块介绍 uCharts 组件的用法，通过本模块的学习，读者应熟悉 qiun-data-charts 组件的属性，能够使用 type 属性限定图表的类型，并通过进一步的属性配置绘制常用的图表，包括柱状图、折线图、饼图和混合图。本模块以 4 个典型任务示范了常用图表的绘制方法，读者可在真实项目开发中借鉴使用。

课后习题

1．简述 uCharts 组件的使用方法。

2．简述 chartData 属性绑定数据的结构。

3．简述 localdata 属性绑定数据的结构。

4．将 qiun-data-charts 组件的 type 属性设置为______即可绘制柱状图，设置为______即可绘制折线图，设置为______即可绘制饼图，设置为______即可绘制混合图。

5．以下哪个属性用于设置柱状图的单屏数据密度？（　　）

A．x 轴配置的 itemCount 属性　　B．扩展配置的 itemCount 属性

C．扩展配置的 seriesGap 属性　　D．x 轴配置的 seriesGap 属性

6．以下哪个属性用于设置折线图的类型？（　　）

A．数据配置的 lineType 属性　　B．扩展配置的 lineType 属性

C．数据配置的 type 属性　　D．扩展配置的 type 属性

7．以下哪个属性用于设置混合图的 y 轴标题？（　　）

A．y 轴配置的 title 属性　　B．y 轴配置的 head 属性

C．多 y 轴配置的 title 属性　　D．多 y 轴配置的 head 属性

课后实训

1．完善电子商务管理系统设计，为系统添加图表页面，用柱状图显示分类统计商品的数量。

2．改用饼图显示商品数量的分类统计结果。